畜禽类症鉴别诊断及防治丛书

E LEIZHENG
JIANBIE ZHENDUAN
JI FANGZHI

鹅类症鉴别诊断及防治

赵 朴 王方明 赵秀敏 主编

化学工业出版社
·北京·

图书在版编目（CIP）数据

鹅类症鉴别诊断及防治/赵朴，王方明，赵秀敏主编．北京：化学工业出版社，2018.1（2025.4重印）
（畜禽类症鉴别诊断及防治丛书）
ISBN 978-7-122-31085-9

Ⅰ.①鹅…　Ⅱ.①赵…②王…③赵…　Ⅲ.①鹅病-鉴别诊断②鹅病-防治　Ⅳ.①S858.33

中国版本图书馆CIP数据核字（2017）第292305号

责任编辑：邵桂林　　文字编辑：汲永臻
责任校对：王　静　　装帧设计：张　辉

出版发行：化学工业出版社（北京市东城区青年湖南街13号　邮政编码100011）
印　　装：北京盛通数码印刷有限公司
850mm×1168mm　1/32　印张7　字数131千字
2025年4月北京第1版第9次印刷

购书咨询：010-64518888　　售后服务：010-64518899
网　　址：http://www.cip.com.cn
凡购买本书，如有缺损质量问题，本社销售中心负责调换。

定　　价：30.00元　

编写人员名单

主　　编　赵　朴　王方明　赵秀敏

副 主 编　王连波　陈玲先　徐立新　牛宪翔

编写人员（按姓氏笔画顺序排列）

王　岩（长垣县畜牧局赵堤防疫检疫中心站）

王方明（新乡市动物卫生监督所）

王连波（滑县动物卫生监督所）

牛宪翔（滑县动物卫生监督所）

吴莹丽（滑县动物卫生监督所）

陈玲先（濮阳市清丰县农业技术推广六塔区域站）

赵　朴（河南科技学院）

赵秀敏（河南农业职业学院）

段天恩（温县动物卫生监督所）

徐立新（南阳市卧龙区动物卫生监督所）

魏刚才（河南科技学院）

前言 FOREWORD

随着畜牧业的规模化、集约化发展，畜禽的生产性能越来越高、饲养密度越来越大、环境应激因素越来越多，导致疾病的种类增加、发生频率提高、发病数量增加、危害更加严重，直接制约养殖业稳定发展和养殖效益提高。

鹅的疾病根据其发病原因可以分为传染病、寄生虫病、营养代谢病、中毒病和普通病。其中有些疾病具有明显的特有症状，但有些病具有某些类似症状，这些类似症状常给临床诊断带来困难，直接影响鹅场疾病的控制效果。所以，规模化鹅场对饲养管理人员和兽医工作人员的观念、知识、能力和技术水平提出了更高的要求，不仅要求能够有效地防控疾病，真正落实“防重于治”“养防并重”的疾病控制原则，减少群体疾病的发生，而且要求能够细心观察，透过类似的症状找出不同点，及时确诊和治疗疾病，将疾病发生的危害降低到最小。为此，我们组织了长期从事鹅生产、科研和疾病防治方面的有关专家编写了《鹅类症鉴别诊断及防治》一书。

本书包括五章，重点介绍了53种疾病的病因、临床症状、病理变化、防治措施，并特别在每种疾病中将有类似症状的疾病进行类症鉴别，列出其相似点和不同点，这样就比较容易做出正确的诊断并可有效地采取防治措施。本书密切结合我国养鹅业实际，既注意疾病的综合防制，减少疾病发生，又突出疾病的类症鉴别，及时正确诊断疾病，减少疾病的危害。全书注重系统性、科学性、实用性和先进性，内容重点突出，通俗易懂。不仅适用于鹅场兽医工作者阅读，也适用于饲养管理人员阅读，还可作为大专院校、农村函授及培训班的辅助教材和参考书。

由于水平有限，书中难免有不当之处，敬请广大读者批评指正。

编者

2018年1月

目录 CONTENTS

第一章　鹅传染病的类症鉴别诊断及防治

一、鹅禽流感

禽流感（禽流行性感冒）是由A型流感病毒引起多种家禽和野禽感染的一种传染性综合征。鹅、鸭、鸡等家禽以及野生禽类均可发生感染，对鸡尤其是火鸡危害最为严重，常引起感染致病，甚至导致大批死亡，有的死亡率可高达100%。鹅亦能感染致病或死亡，产蛋鹅感染后，可引起卵子变性，产蛋率下降，产生卵黄性腹膜炎和输卵管炎。世界上许多国家和地区都曾发生过本病的流行，给养禽业造成巨大的经济损失，是严重危害禽类的一种流行性病毒性疾病。

【病原】病原为A型流感病毒，属正黏病毒科的流感病毒属。流感病毒具有多形性，病毒颗粒呈丝状或球状，直径80～120纳米。

根据禽流感病毒抗原性的不同，可分为170多个血清型，各血清型之间缺乏交叉免疫力。对家禽具有致病性的主要有 H1N1、H4N6、H5N1、H5N4、H7N1、H7N2、H9N3、H9N2、H14N5 等血清亚型，其中 H5、H7 为国际公认的高致病力禽流感病毒的血清亚型。近年来，H9 血清亚型对家禽的致病力有增强趋势。根据以前资料记载，水禽对流感病毒仅为带毒者而不致病。自 1996 年以来，世界上已从患病的鹅、鸭等水禽分离到禽流感高致病力 H5 亚型毒株，表明鹅等水禽有高致病力毒株的存在，而不是以带毒形式存在。

目前包括鹅在内的各种家禽和野生禽类中，已分离到上千株禽流感病毒，并已证明家养或舍饲禽类感染后，可表现为亚临床症状、轻度呼吸系统疾病和产蛋率下降，或是引起急性全身致死性疾病。

在自然条件下，流感病毒存在于禽类的鼻腔分泌物和粪便中，由于受到有机物的保护，病毒具有极强的抵抗力。据有关资记载，粪便中病毒的传染性在 4℃可保持 30～35 天之久，20℃可存活 7 天，在羽毛中存活 18 天，在干骨头或组织中存活数周，在冷冻的禽肉和骨髓中可存活 10 个月。在自然环境中特别是凉爽和潮湿的条件下可存活很长时间，常可以从水禽的体内和池塘中分离到流感病毒。禽流感病毒对乙醚、氯仿、丙酮等有机溶剂敏感，不耐热，常用的消毒药能将其灭活。禽流感病毒的致病力差异很大。在自然情况下，有些毒株的致病性较强，发病率和死亡率均较高，有些毒株仅引起轻度的呼吸道症状。

【流行病学】禽流感病毒可以从病禽呼吸道、消化道

和眼结膜排出病毒，其感染方式包括与易感禽的直接接触及易感禽与受到污染的各种物品的间接接触。由于禽的分泌物和排泄物、组织器官、禽蛋中均可带有病毒，因此带毒的候鸟作为载体将其作世界性传播。

鹅流感病毒 H5 亚型毒株对各种日龄和品种的鹅均具有高致病力和致死性。雏鹅的发病率可高达 100%，死亡率也达 90%以上，尤其是 7 日龄左右的雏鹅发病率和死亡率均高达 100%。其他日龄的鹅群发病率为 80%～100%，死亡率为 40%～80%。产蛋种鹅群发病率为 100%，死亡率为 50%～80%。该病发病率高，传播速度快，往往很快就波及全群，病程为 1～2 周。该病一年四季都可发生，即使是高温的夏天，也可发生鹅禽流感，但以气温较低、阴雨潮湿、通风不良的冬春季节多发。

【临床症状】致病性较强，发病率和死亡率均较高，有些毒株仅引起轻度的呼吸道症状。患鹅常为突然发病，体温升高，食欲减退或废绝，仅饮水，拉白色或带淡黄绿色水样稀粪，羽毛松乱，身体蜷缩，精神沉郁，昏睡，反应迟钝。出现屈颈斜头、左右摇摆等神经症状，尤其是雏鹅较明显。多数患鹅站立不稳，两腿发软，伏地不起或后退倒地。有呼吸道症状。部分患鹅头颈部肿大，皮下水肿，眼睛潮红或出血，眼结膜有出血斑，眼睛四周羽毛粘着褐黑色分泌物，严重者瞎眼。部分患鹅鼻孔流血。自 2002 年底以来，有出现脑炎型病例的报道。特征性症状是绝大多数患鹅有间隙性转圈运动，转圈后倒地并不断滚动等神经症状，有的病例头颈部不断做点头动作，有的病例出现歪头、勾头等症状。

【病理变化】病理变化以组织器官充血、出血和水肿为主。剖检可见病鹅喉头出血，有干酪样分泌物附着，气管出血严重，有时可见整条气管出血。心肌变性、坏死。肺部常可见到充血、出血和坏死变化。肝脏、脾脏肿胀，有的脾脏瘀血、出血。腺胃乳头、腺胃肌胃交界处及肌胃角质层下有严重的出血点，或呈严重的片状出血。胰腺肿胀，呈花斑状。十二指肠、小肠充血、出血，肠壁变薄。小肠淋巴滤泡增生，出血。肾脏肿胀，脑膜出血。产蛋鹅卵泡萎缩，卵泡膜出血或变性，有的还可见卵黄性腹膜炎，破裂后的卵黄污染整个腹腔，输卵管有炎症渗出物。

【实验室检查】病毒的分离鉴定（应按国家相关规定在生物安全三级实验室内进行）、琼脂扩散试验、血凝及血凝抑制试验、酶联免疫吸附试验和聚合酶链式反应等。

【鉴别诊断】

1. 鹅禽流感与鹅副黏病毒病的鉴别

［**相似点**］鹅禽流感与鹅副黏病毒病均有传染性，有精神萎靡、羽毛松乱、食欲减少或废绝、拉稀、神经症状等临床表现及消化道病变。

［**不同点**］鹅副黏病毒病的病原是副黏病毒科副黏病毒属的鹅副黏病毒，各个品种的鹅均具有易感性。本病流行没有明显的季节性。患病初期拉白色稀粪，后呈水样，带暗红、黄色或绿色。种鹅停止产蛋但饮水增加，有时健康的鹅吃食时突然死亡。然后发现扭颈、劈叉等神经症状。剖检脾脏肿大、瘀血，十二指肠、回肠、盲肠及直肠、泄殖腔黏膜有散在性或弥漫性大小不一的淡

黄色或灰白色纤维性结痂，剥离结痂可见出血或溃疡。肝脏肿大，瘀血。

鹅禽流感以冬春季最常见，脚爪脱水，头冠部、颈部明显肿胀，眼睑、结膜充血、出血，排绿色稀便。剖检特征为全身器官出血。鹅禽流感比鹅副黏病毒病发病急、病势猛、病情重，患病的鹅多有严重出血、胸腺萎缩和出血、脾脏出血和坏死等特性病理变化。

2. 鹅禽流感与鹅巴氏杆菌病的鉴别诊断

［**相似点**］鹅禽流感与鹅巴氏杆菌病均有传染性，突然死亡，有下痢临床表现以及肠道出血、鼻腔和鼻窦内有多量黏性分泌物（慢性霍乱）等病理变化。

［**不同点**］鹅巴氏杆菌病的病原体是禽多杀性巴氏杆菌，最急性型常见于本病爆发的最初阶段，无明显症状，常在吃食时或吃食后突然倒地，迅速死亡；有时见母鹅死在产蛋窝内。有的晚间一切正常，吃得很饱，次日口鼻中流出白色黏液，并常有下痢，排出黄色、灰白色或淡绿色的稀粪，有时混有血丝或血块，味恶臭，发病1～3天死亡。病理变化的特征是全身浆膜和黏膜有广泛的出血斑点，肝脏有散在性或弥漫性斜尖大小、边缘整齐、灰白色并稍微突出于肝表面的坏死灶。慢性型鹅巴氏杆菌病主要表现为关节炎。

鹅禽流感，脚爪脱水，头冠部、颈部明显肿胀，眼睑、结膜充血、出血，排绿色稀便。剖检特征为全身器官出血。

3. 鹅禽流感与小鹅瘟的鉴别

［**相似点**］鹅禽流感与小鹅瘟均有传染性，有精神委

顿、昏睡、食欲废绝、有下痢和神经症状临床表现及肠道病变。

［**不同点**］小鹅瘟是由鹅细小病毒（GPV）引起的一种雏鹅高致死性疾病，一般发生于4～20日龄以内的雏鹅，发病雏鹅日龄愈小，死亡率愈高。10日龄左右的雏鹅死亡率达95％～100％。15日龄以上的雏鹅发病率和死亡率较低，有少数患病雏鹅可自行康复。患病雏鹅症状为排出灰白色或者淡黄色稀粪便，混有气泡；肛门外突，周围被毛潮湿并有污染物；临死前出现两腿麻痹或者抽搐症状（角弓反张）。剖检病变是空肠和回肠呈急性卡他性纤维素性坏死性肠炎。整片肠黏膜坏性死、脱落，与凝固的纤维素性渗出物形成栓子或包括肠内容物的假膜，堵塞肠腔。靠近卵黄柄与回盲部的肠段外观极度膨大，质地坚硬，长2～5厘米，状如香肠，肠管被浅灰色或者淡黄色的栓子塞满，这一变化在亚急性病例中更易看到。

鹅禽流感各个日龄鹅均有较高的发病率和死亡率，出现屈颈斜头、左右摇摆等神经症状，尤其是雏鹅较明显。多数患鹅站立不稳，两腿发软，伏地不起或后退倒地。有呼吸道症状。部分患鹅头颈部肿大，皮下水肿，眼睛潮红或出血，眼结膜有出血斑，眼睛四周羽毛粘着褐黑色分泌物，严重者瞎眼。部分患鹅鼻孔流血。剖检特征为全身器官出血。

4. 鹅禽流感与雏鹅新型病毒性肠炎的鉴别

［**相似点**］鹅禽流感与雏鹅新型病毒性肠炎均有传染性，有精神委顿、昏睡、食欲废绝、下痢、呼吸困难和

神经症状等临床表现以及肠道病变。

［**不同点**］雏鹅新型病毒性肠炎（NGVE）是由某些血清型的Ⅰ群禽腺病毒（FAV）在一定条件下引起3～40日龄雏鹅患有的严重的广泛性卡他性肠炎疾病。粪便呈水样，其间夹杂黄绿色或灰白色黏液物质，个别因肠道出血严重而排出淡红色粪便。剖检病死鹅，除了见肠道有明显的病理变化外（小肠外观膨大，比正常增大1～2倍，内为包裹有淡黄色假膜的凝固性栓子。有栓塞物处的肠壁菲薄透明，无栓子的肠壁则严重出血。栓子多出现在小肠中后段至回盲瓣处，多数为一段直径0.2～0.7厘米、长10～30厘米的凝固性栓塞物），其他脏器无肉眼可见的病理变化。

鹅禽流感各个日龄鹅均有较高的发病率和死亡率，出现屈颈斜头、左右摇摆等神经症状，尤其是雏鹅较明显。部分患鹅头颈部肿大，皮下水肿，眼睛潮红或出血，眼结膜有出血斑，眼睛四周羽毛粘着褐黑色分泌物，严重者瞎眼。部分患鹅鼻孔流血。剖检特征为全身器官出血。

5. 鹅禽流感与鹅大肠杆菌病（急性败血型）的鉴别

［**相似点**］鹅禽流感与鹅大肠杆菌病均有传染性，有体温升高、精神沉郁、食欲废绝、渴欲增加、呼吸困难和下痢等临床表现。

［**不同点**］鹅大肠杆菌病是由致病性大肠杆菌引起的一种急性传染病。各种年龄的鹅都可发生，但以7～45日龄的鹅较易感。羽毛松乱，怕冷，常挤成一堆，不断尖叫，粪便稀薄而恶臭，混有血丝、血块和气泡，肛周

粘满粪便。败血型大肠杆菌病病例主要表现为纤维素性心包炎、气囊炎、肝周炎。

鹅禽流感各个日龄鹅均有较高的发病率和死亡率，出现屈颈斜头、左右摇摆等神经症状，尤其是雏鹅较明显。拉白色或带淡黄绿色水样稀粪。部分患鹅头颈部肿大，皮下水肿，眼睛潮红或出血，眼结膜有出血斑，眼睛四周羽毛粘着褐黑色分泌物，严重者瞎眼。部分患鹅鼻孔流血。鹅禽流感剖检特征为全身器官出血。

【防制】

1. 预防措施

（1）加强饲养管理　加强幼鹅的饲养管理，注意鹅舍的通风，保持鹅舍干燥和适宜的温度、湿度以及鹅群饲养密度，以提高机体的抗病力。对于水面放养的鹅群，应注意防止和避免野生水禽污染水源而引起感染。

（2）免疫接种　雏鹅14～21日龄时，用H5N1亚型禽流感灭活疫苗进行初免；间隔3～4周，再用H5N1亚型禽流感灭活疫苗进行1次加强免疫，以后根据免疫抗体检测结果，每隔4～6个月用H5N1亚型禽流感灭活疫苗免疫1次。商品肉鹅7～10日龄时，用H5N1亚型禽流感灭活疫苗进行1次免疫，第1次免疫后3～4周，再用H5N1亚型禽流感灭活疫苗进行1次加强免疫。散养鹅春、秋两季用H5N1亚型禽流感灭活疫苗各进行1次集中全面免疫，每月定期补免。

2. 治疗措施

处方1：注射高免血清。肌内或皮下注射禽流感高免血清，小鹅每只2毫升、大鹅每只4毫升，对发病初期的病鹅效果显

著，见效快；高免蛋黄液效果也好，但见效稍慢。

处方 2：250 毫克/升病毒灵或利巴韦林（病毒唑）或 50 毫克/升金刚烷胺饮水，连续用药 5～7 天。为防止继发感染，抗病毒药要与其他抗菌药同时使用，若能配合使用解热镇痛药和维生素、电解质效果更好。

处方 3：中药凉茶廿四味加柴胡、黄芩、黄芪，煎水给鹅群饮用，对禽流感的预防和治疗有较好的效果。饮水前鹅群先停水 2 小时，再把中药液投于饮水器中供饮用 6 小时，每天 1 次，连用 3 天。病情较长时要在药方中加党参、白术。

二、小鹅瘟

小鹅瘟是由细小病毒引起的雏鹅与雏番鸭的一种急性或亚急性的高度致死性传染病。主要侵害 20 日龄以内的雏鹅，致死率高达 90%以上，超过 3 周龄雏鹅仅少数发生，1 月龄以上雏鹅基本不发生。特征为精神委顿、食欲废绝、严重腹泻和有时出现神经症状，病变特征主要为渗出性肠炎、小肠黏膜表层大片坏死脱落、与渗出物凝成假膜状、形成栓子阻塞肠腔。

【病原】 病原为鹅细小病毒，属细小病毒科细小病毒属。病毒为球形，无囊膜，直径为 20～40 纳米，是一种单链 DNA 病毒，对哺乳动物和禽细胞无血凝作用，但能凝集黄牛精子。国内外分离到的毒株抗原性基本相同，而与哺乳动物的细小病毒没有抗原关系。该病毒对外界不良环境有较强抵抗力，在－20℃以下至少能存活 2 年。经 65℃ 3 小时滴度不受影响，在 pH3.0 溶液中 37℃条件下耐受 1 小时以上，对氯仿、乙醚和多种消毒剂不敏感，能抵抗胰酶的作用。普通消毒剂对病毒有杀灭作用。

病毒存在于病雏鹅的肠道及其内容物、心血、肝脾、肾和脑中，首次分离宜用12～15胚龄的鹅胚或番鸭胚，一般经5～7天死亡，典型病变为绒毛尿囊膜水肿，胚体全身性充血、出血和水肿，心肌变性呈白色，肝脏出现变性或坏死，呈黄褐色，鹅胚和番鸭胚适应毒可稳定在3～5天致死，胚适应毒能引起鸭胚致死，也可在鹅、鸭胚成纤维细胞上生长，3～5天内引起明显细胞病变，经H.E染色镜检，可见到合胞体和核内嗜酸性包涵体。

【流行病学】本病仅发生于鹅与番鸭，其他禽类均无易感性。一般发生于4～20日龄以内的雏鹅，发病雏鹅日龄愈小，死亡率愈高。10日龄左右的雏鹅死亡率达95％～100％。15日龄以上的雏鹅发病率和死亡率较低，有少数患病雏鹅可自行康复。有报道2月龄鹅也可感染发病。发病率和死亡率的高低除与被感染雏鹅的日龄有关外，也与母鹅群的免疫状态有密切的关系。各种品种的鹅均可感染，一年四季均可发生流行。

病雏及带毒成年禽是本病的传染源。在自然情况下，与病禽直接接触或采食被污染的饲料、饮水是本病传播的主要途径。本病毒还可附着于蛋壳上，通过蛋将病毒传给孵化器中易感雏鹅和雏番鸭造成本病的垂直传播。当年留种鹅群的免疫状态对后代雏鹅的发病率和成活率有显著影响。如果种鹅都是经患病后痊愈或经无症状感染而获得了坚强免疫力的，其后代有较强的母源抗体保护，因此可抵抗天然或人工感染而不发生小鹅瘟。如果种鹅群由不同年龄的母鹅组成，而有些年龄段的母鹅未曾免疫，则其后代还会发生不同程度的疾病危害。

【临床症状】 潜伏期为 3～5 天，分为最急性、急性和亚急性 3 型。最急性型多发生在 1 周龄内的雏鹅，往往不显现任何症状而突然死亡。急性型常发生于 15 日龄内的雏鹅，病雏初期食欲减少，精神委顿，缩颈蹲伏，羽毛蓬松，离群独处，步行艰难；继而食欲废绝，严重下痢，排出混有气泡的黄白色或黄绿色水样稀粪；鼻分泌液增多，病鹅摇头，口角有液体甩出，喙和蹼色绀；临死前出现神经症状，全身抽搐或发生瘫痪；病程 1～2 天。亚急性型发生于 15 日龄以上的雏鹅，以萎靡、不愿走动、厌食、拉稀和消瘦为主要症状，病程 3～7 天，少数能自愈，但生长不良。

【病理变化】 主要病变在消化道，特别是小肠部分。死于最急性型的病雏，病变不明显，十二指肠黏膜肿胀、充血和出血，出现败血性症状。急性型雏鹅，特征性病变是小肠的中段、下段，尤其是回盲部的肠段极度膨大，质地硬实，形如香肠，肠腔内形成淡灰色或淡黄色的凝固物，其外表包围着一层厚的坏死肠黏膜和纤维形成的伪膜，往往使肠腔完全填塞。部分病鹅的小肠内虽无典型的凝固物，但肠黏膜充血和出血，表现为急性卡他性肠炎。肝、脾肿大、充血，偶有灰白色坏死点，胆囊也增大。

【实验室检查】 确诊需经病毒分离鉴定或血清保护试验（血清保护试验也是鉴定病毒的特异性方法。取 3～5 只雏鹅作为试验组，先皮下注射标准毒株的免疫血清 1.5 毫升，然后皮下注射含毒尿囊液 0.1 毫升；对照组以生理盐水代替血清，其余同试验组。结果，试验组雏鹅全部保护，对照组于 2～5 天内全部死亡）。

【**鉴别诊断**】注意与鸭瘟、鹅流感、副伤寒和球虫病区别。鸭瘟特征性病变是在食道和泄殖腔出血和形成伪膜或溃疡，必要时以血清学试验相区别。鹅流感、鹅副伤寒可通过细菌学检查和敏感药物治疗实证来区别。鹅球虫病通过镜检肠内容物和粪便是否发现球虫卵囊相区别。番鸭肠道发生急性卡他性——纤维素性坏死性肠炎是与鸭病毒性肝炎在病变方面的显著区别。

1. 小鹅瘟与鹅禽流感的鉴别

［**相似点**］小鹅瘟与鹅禽流感均有传染性，有精神委顿、昏睡、食欲废绝、下痢和神经症状等临床表现及肠道病变。

［**不同点**］鹅禽流感是由A型流感病毒引起多种家禽和野禽感染的一种传染性综合征。鹅禽流感各个日龄鹅均有较高的发病率和死亡率，病鹅出现屈颈斜头、左右摇摆等神经症状，尤其是雏鹅较明显。多数患鹅站立不稳，两腿发软，伏地不起或后退倒地。有呼吸道症状。部分患鹅头颈部肿大，皮下水肿，眼睛潮红或出血，眼结膜有出血斑，眼睛四周羽毛粘着褐黑色分泌物，严重者瞎眼。部分患鹅鼻孔流血。患流感鹅特征的病理变化为头颈部肿胀，眼出血，头颈部皮下出血或胶样浸润，内脏器官、黏膜和法氏囊出血，腺胃乳头、腺胃肌胃交界处及肌胃角质膜下有出血点或瘀斑状出血。

小鹅瘟一般发生于4～20日龄以内的雏鹅，发病雏鹅日龄愈小，死亡率愈高，急性下痢。剖检病变是空肠和回肠呈急性卡他性纤维素性坏死性肠炎。整片肠黏膜坏死、脱落，与凝固的纤维素性渗出物形成栓子或有包

括肠内容物的假膜，堵塞肠腔。

将肝、脾、脑等病料处理后接种5枚11日龄鸡胚和5枚12日龄易感鹅胚，观察5～7天，如两种胚胎均在96小时内死亡，绒尿液具有血凝性并被特异抗血清所抑制，即可判定为鹅流感；而鸡胚不死亡，鹅胚部分或全部死亡，胚体病变典型，无血凝性，可诊断为小鹅瘟。

2. 小鹅瘟与鹅流行性感冒的鉴别

［**相似点**］小鹅瘟与鹅流行性感冒均为小鹅的急性传染病，发病急，死亡快，死亡率高。

［**不同点**］鹅流行性感冒是由败血志贺杆菌引起，用普通显微镜就可以看到，多为成对排列，常似双球菌。鹅流行性感冒每年春、秋两季发病，呈地方性流行。流行初期是侵害1个月左右的小鹅，发病后期成鹅也感染发病，成鹅死亡率很低。以呼吸困难为主要表现症状，常发鼻鼾声，鼻孔内常出浆液性分泌物，病鹅常将头弯向后侧。鹅流行性感冒主要病变为在呼吸道、鼻腔、喉头、气管内有大量半透明状浆液或黏液性分泌物，肺充血，肝、脾、肾血肿大，脾表面有坏死点，心内、外膜出血，呈纤维素性心包炎。

小鹅瘟是7～10日龄小鹅最易感染，死亡率达90%～100%，超过10日龄雏鹅发病较少，30日龄以上雏鹅一般不发病，一年四季都可发生，每隔3～5年周期性地流行1次，具有较高的传染性，流行面广。病鹅严重下痢，拉灰白色或淡黄绿色米汤样稀便，并混有气泡，呼吸时，从鼻孔流出浆液性分泌物，缩头屈颈，抽搐痉挛，肢体麻痹瘫痪等。小鹅瘟死后可见病变主要是在消化道、小肠呈弥漫性、急性卡他性炎症或纤维素性坏死性炎症，肠黏膜大量坏死脱落。

3. 小鹅瘟与鹅的鸭瘟病毒病的鉴别

［**相似点**］小鹅瘟与鹅的鸭瘟病毒病均有肿头流泪、体温升高、两脚发软、严重下痢、呼吸困难等临床症状和肠道病理变化。

［**不同点**］鸭瘟（鸭瘟病毒病、大头瘟或鸭病毒性肠炎）是鸭一种急性败血性传染病。鸭瘟的致病力强，鹅与病鸭密切接触也会感染致病。任何品种、性别和年龄的鹅都易感染此病。该病发病率和死亡率均较高，一旦鹅群感染发病后，能迅速传播，引起大批死亡。本病主要传染源为病鸭、病鹅和带毒鹅（鸭），雏鹅尤为敏感，但以15～20日龄幼鹅最易感染，死亡率也高。本病发生和流行无明显季节性，但以春夏之际和秋冬流行最为严重，呈地方性流行或散发。病理变化主要以全身败血性为主要特征。以全身的浆膜、黏膜和内脏器官有不同程度的出血斑点或坏死灶，特别是肝脏的变化及消化道黏膜的出血和坏死更为典型。

小鹅瘟剖检病变是空肠和回肠呈急性卡他性纤维素性坏死性肠炎。整片肠黏膜坏死、脱落，与凝固的纤维素性渗出物形成栓子或有包括肠内容物的假膜，堵塞肠腔。

4. 小鹅瘟与鹅副黏病毒病的鉴别

［**相似点**］小鹅瘟与鹅副黏病毒病均有精神萎靡、少食或不食、拉稀、神经症状等临床表现以及消化道病理变化。

［**不同点**］鹅副黏病毒病的病原体是鹅副黏病毒，各种品种和日龄鹅均具有高度易感性；病鹅食道膨大部松

软有多量液体及气体，排灰白或淡黄绿色混有气泡和黏膜的稀便；摇头，口角有液体甩出，呆立、出现痉挛、扭颈、腿麻痹。小鹅瘟主要是雏鹅易感，后期出现扭颈、转圈仰头等神经症状，10日龄左右雏鹅常出现甩头现象，排白色、绿色、黄色、暗红色或墨绿色稀便或水样便。鹅副黏病毒病食道黏膜特别是下端有散在芝麻粒大小的灰白色或淡黄色易剥离结痂，除去痂后有出血性溃疡面，肝肿大，瘀血质地较硬，脾、胰腺、心肌肠黏膜等处有芝麻粒大小灰白色坏死灶。而小鹅瘟小肠黏膜发炎、坏死，小肠中、下段外观似“香肠样”，内有带状或圆柱状灰白色或淡黄色栓子，栓子较短，呈2～5厘米的节段，有的没有栓子，但整个肠腔中充满黏稠的内容物，黏膜充血、发红，表现急性卡他性肠炎变化，病鹅的肝脏肿大，呈深紫色或黄红色，胆囊明显膨大，充满暗绿色胆汁，脑严重充血。用脑、脾、胰或肠道病料处理后接种鸡胚，一般于36～72小时死亡，胚胎绒毛尿囊液具有血凝性，并能被禽副黏病毒Ⅰ型抗血清所抑制，可确诊为鹅副黏病毒病。

5. 小鹅瘟与雏鹅新型病毒性肠炎的鉴别

［**相似点**］小鹅瘟与雏鹅新型病毒性肠炎潜伏期均为3～5天，以消化道和神经中枢紊乱为主要表现，精神沉郁、食欲减少、嗜睡、腹泻，剖检均表现为肝瘀血、出血。胆囊肿胀、扩张，胆汁呈深绿色，肾脏充血、轻微出血，脾脏充血，皮下充血、出血，特征病变在肠道等病理变化。

［**不同点**］雏鹅新型病毒性肠炎为腺病毒属的肠炎病

毒引起的，发生于 3～30 日龄的雏鹅，10～18 日龄达到死亡高峰，死亡率 25%～75%；30 日龄以后基本不发生死亡，10 日龄以后死亡的病例 60%～80%出现小肠的香肠样凝固性栓子；急性型粪便呈黄白色、水样，有气泡，临死前出现瘫痪、麻痹、扭颈或抽搐现象。小鹅瘟的“腊肠栓子”出现在小肠后段卵黄囊柄前后部位，而新型病毒性肠炎形成的“腊肠栓子”在小肠的前、中、后段均可形成，其长度比小鹅瘟的栓子长度要长得多。新型病毒性肠炎排淡黄绿色、灰白色稀便，混有气泡、恶臭；呼吸困难、鼻孔流出少量浆液性分泌物，喙部发绀，死前麻痹，不能站立，以喙角触地、昏睡而死或抽搐而死。

6. 小鹅瘟与鹅副伤寒的鉴别

[**相似点**] 小鹅瘟与鹅副伤寒均主要危害雏鹅（20 日龄以内），表现为精神委顿、食欲减退、缩颈蹲伏、羽毛蓬松、不愿走动、腹泻等临床症状以及肝肿大、肠道出血充血等病理变化。

[**不同点**] 鹅副伤寒是由沙门菌引起的传染病，雏鹅易感，死亡率高。雏鹅副伤寒，一般 4～6 天发病，病鹅严重腹泻，排黄白色或黄绿色水样稀粪，少数鹅排带紫色血块的水样便，其肛门周围的羽毛被粪便污染。病鹅饮欲增强，消瘦，临死前颈弯向一侧或头后仰。盲肠明显肿大，盲肠内有干酪样物质并形成栓塞（“栓子”）。

小鹅瘟严重下痢，排出混有气泡的黄白色或黄绿色水样稀粪。鼻分泌液增多，病鹅摇头，口角有液体甩出，喙和蹼色绀。临死前出现神经症状，全身抽搐或发生瘫痪。特征性病变是小肠的中段、下段，尤其是回盲部

（卵黄囊柄）的肠段极度膨大，质地硬实，形如香肠，肠腔内形成淡灰色或淡黄色的凝固物，其外表包围着一层厚的坏死肠黏膜和纤维形成的伪膜，往往使肠腔完全填塞；无菌取病死鹅肝组织接种于普通琼脂培养基上，经37℃培养24小时，可见无芽孢、单个、两端略圆的细长杆菌。

染色观察为革兰阴性菌，即可确诊为副伤寒；否则是小鹅瘟。

7. 小鹅瘟与鹅巴氏杆菌病的鉴别

［**相似点**］小鹅瘟与鹅巴氏杆菌病均有传染性，嗜睡，少食或废食，饮水多，鼻流黏液，拉稀，喙蹼发紫，腿无力，不愿走动。剖检可见肠充血、出血。

［**不同点**］鹅巴氏杆菌病的病原为巴氏杆菌，3～4月龄最易感。病鹅表现为精神沉郁，尾翅下垂，嗜睡，食欲废绝，饮欲增加，口鼻流液，呼吸明显困难，神经症状不明显；剧烈腹泻，排出绿色或白色稀粪。本病的特征性病变发生在肝脏，肝脏肿大，色泽变淡，质地稍变硬，表面散布着许多灰白色、针尖大的坏死点。肺出血，发生肝变。心冠脂肪组织上面有明显的出血点。另外，腹膜、皮下组织和腹部脂肪、十二指肠也常有出血点，但无凝固性栓子。

小鹅瘟神经症状较明显，肺无肝变。

无菌采取发病鹅的心血涂片，肝脏、脾脏抹片，用美蓝或瑞氏染色，在显微镜下观察，菌体呈卵圆形、两端着色深、中央着色浅、呈典型的两极着染的小杆菌即为鹅巴氏杆菌病；小鹅瘟肝脏病料染色镜检没有细菌。

8. 小鹅瘟与鹅沙门菌病的鉴别

［**相似点**］小鹅瘟与鹅沙门菌病主要发生于雏鹅，均有精神委顿，食欲减退或废绝，羽毛蓬松，不愿走动，腹泻，神经症状等临床表现，以及肝脾肿大，肠道出血等病理变化。

［**不同点**］鹅沙门菌病是由鼠伤寒、鸭肠炎、德尔卑等多种沙门菌所致，常呈败血症，造成大批死亡。患鹅腹泻，排出黄色水样粪便，死前头向后仰，腿后蹬，呈角弓反张。肝肿大，呈红色或古铜色，并有条纹或针尖大小出血点和灰白色的小坏死灶等病变特征，但肠道不见有栓子。

小鹅瘟严重下痢，排出混有气泡的黄白色或黄绿色水样稀粪。鼻分泌液增多，病鹅摇头，口角有液体甩出，喙和蹼色绀。临死前出现神经症状，全身抽搐或发生瘫痪。特征性病变是小肠的中段、下段，尤其是回盲部的肠段极度膨大，质地硬实，形如香肠，肠腔内形成淡灰色或淡黄色的凝固物，其外表包围着一层厚的坏死肠黏膜和纤维形成的伪膜，往往使肠腔完全填塞。

将患鹅肝脏做触片，用美蓝或拉埃染色，见有卵圆形小杆菌，即可疑为沙门菌；而小鹅瘟肝脏病料没有卵圆形小杆菌。将肝脏病料接种于麦康凯培养基，经 24 小时培养，见有光滑、圆形、半透明的菌落，涂片，革兰染色，镜检为革兰阴性小杆菌，经生化和血清学鉴定，即可确诊为鹅沙门菌病。

9. 小鹅瘟与鹅出血性坏死性肝炎的鉴别

［**相似点**］小鹅瘟与鹅出血性坏死性肝炎多发生于 3

周龄以内的雏鹅，均有精神委顿，食欲减退或废绝，腹泻等临床表现，以及肝有出血点、脾肿大出血、肠道充血出血等病理变化。

［**不同点**］鹅出血性坏死性肝炎是由鹅呼肠孤病毒所致的一种新的鹅病毒性传染病。各种品种雏鹅均具有高度易感性，发病率和死亡率可达 60%～70%。患病雏鹅肝脏和脾脏以出血斑和弥漫性大小不一淡黄色或灰黄色坏死斑为特征性病理变化。

小鹅瘟肝脏、脾脏等器官无坏死病灶。

采取肝、脾病料，经处理后分别接种 10 日龄鸡胚和 12 日龄易感鹅胚，每胚绒尿膜 0.1 毫升，如鸡胚和鹅胚于 7 天内死亡，接种部位的绒尿膜有出血斑或坏死灶，绒尿液无血凝性，为鹅呼肠孤病毒所致；而仅鹅胚死亡，绒尿膜无出血斑和坏死灶，绒尿液无血凝性，鸡胚不死亡，绒尿膜无病变，为小鹅瘟病毒所致。应用抗小鹅瘟血清和抗鹅呼肠孤病毒血清作交叉保护试验，或用抗小鹅瘟血清作紧急预防和治疗试验，如有保护作用或有紧急预防治疗效果，为小鹅瘟，反之为鹅出血性坏死性肝炎。

10. 小鹅瘟与鹅球虫病的鉴别

［**相似点**］小鹅瘟与鹅球虫病均有传染性，委顿、嗜睡，减食或废食，离群，拉稀粪，嗉囊含有液体，消瘦迅速。剖检可见小肠有白色栓子。

［**不同点**］鹅球虫病是由鹅球虫引起的雏、仔鹅球虫病。本病一般侵害 3～12 周的雏鹅和育成鹅，并集中于 5～9 月发病。患鹅粪便稀薄并常呈鲜红色或棕褐色，内

含有脱落的肠黏膜。十二指肠到回盲瓣处的肠管扩张，腔内充满血液和脱落黏膜碎片，肠壁增厚，黏膜有大面积的充血区和弥漫性出血点，黏膜面粗糙不平。

小鹅瘟发病一般无季节性，肠壁变薄，光滑。

取病鹅粪便和病变较明显的小肠刮取物制片，直接或经染色后镜检，可见有多量球虫卵囊及裂殖子，即可诊断为鹅球虫病。

【防制】

1. 预防措施

各种抗生素和磺胺类药物对此病无治疗作用，因此主要做好预防工作。

(1) 加强饲养管理　做好孵化过程中的清洁消毒工作，孵坊中的一切用具、设备使用后必须清洗消毒。种蛋要福尔马林熏蒸消毒。刚出壳的雏鹅防止与新购入的种蛋接触；做好育雏舍清洁卫生和消毒工作，维持适宜的环境条件。

(2) 免疫接种　母鹅在产蛋前1个月，每只注射1∶100稀释的（或见说明书）小鹅瘟疫苗1毫升，免疫期300天，每年免疫1次。注射后2周，母鹅所产的种蛋孵出的雏鹅具有免疫力。母鹅注射小鹅瘟疫苗后，无不良反应，也不影响产蛋。在本病流行地区，未经免疫种蛋所孵出的雏鹅，每只皮下注射0.5毫升抗小鹅瘟血清，保护率可达90%以上。

2. 治疗措施

隔离病雏鹅（雏鹅群一旦发生小鹅瘟时，立即将未出现症状的雏鹅隔离出饲养场地，放在清洁无污染场地

饲养），病死鹅尸体集中进行无害化处理，每天用0.2%过氧乙酸带鹅消毒1次，保持鹅舍清洁卫生，通风透气。治疗宜采取抗体疗法，同时配合抗病毒、抗感染等辅助疗法。

处方：雏鹅皮下注射0.5～0.8毫升高效价抗血清，或1～1.6毫升卵黄抗体，在血清或卵黄抗体中可适当加入广谱抗菌素。每只病雏鹅皮下注射高效价1毫升抗血清或2毫升卵黄抗体。患病仔鹅每500克体重注射1毫升抗血清或2毫升卵黄抗体，严重病例可再注射1次。在饮水中添加多种维生素。如果伴有呼吸道感染，可加入阿米卡星。

三、鹅副黏病毒病

鹅副黏病毒病是由鹅副黏病毒引起鹅感染的一种以消化道症状和病变为特征的急性传染病。本病对鹅危害较大，常引起大批死亡，尤其是雏鹅死亡率可达95%以上，给养鹅业造成巨大的经济损失，是目前鹅病防治的重点。

【病原】病原是鹅副黏病毒科副黏病毒属的鹅副黏病毒。本病毒广泛存在于病鹅的肝脏、脾脏、肠管等器官内。在电子显微镜下观察，病毒颗粒大小不一，形态不正，表面有密集纤突结构，病毒内部由囊膜包裹着螺旋对称的核衣壳，病毒颗粒大小平均直径为120纳米。分离的毒株接种10日龄发育鸡胚，均能迅速繁殖，通常鸡胚在接种后2～3天内死亡。

【流行病学】本病对各种年龄的鹅都具有较强的易感性，日龄愈小，发病率、死亡率愈高，雏鹅发病后常引

起死亡。不同品种鹅均可感染发病，对鸡亦有较强的易感性。发生本病的鹅群，其附近尚未接种疫苗的鸡也可感染发病死亡。种鹅感染后，可引起产蛋率下降。本病无季节性，一年四季均可发生，常引起地方性流行。

【临床症状】本病的潜伏期一般为3～5天，日龄小潜伏期短。病鹅精神委顿、缩头垂翅、食欲不振或废绝、口渴、饮水量增加，排稀白色或黄绿色或绿色稀粪，行走无力，不愿下水，或浮在水面，随水漂游，喜卧，成年病鹅有时将头顾于翅下，严重者常见口腔流出水样液体。部分病鹅出现扭颈、转圈、仰头等神经症状，少数雏鹅发病后有甩头、咳嗽等呼吸道症状。雏鹅常在发病后2～3天内死亡，青年鹅、成年鹅病程稍长，一般为3～5天。

【病理变化】病死鹅机体脱水，眼球下陷，脚蹼常干燥。肝脏轻度肿大、瘀血，少数有散在的坏死灶，胆囊充盈，脾脏轻度肿大，有芝麻大的坏死灶。成年病死鹅肌胃内较空虚，肌胃角度呈棕黑色或淡墨绿色，肌胃角质膜易脱落，角质膜下常有出血斑或溃疡灶，肠道黏膜有不同程度的出血，空肠和回肠黏膜常见散在性的青豆大小的淡黄色隆起的痂块，剥离后呈现出血面和溃疡灶，偶尔波及直肠黏膜；盲肠扁桃体肿大出血，少数病例盲肠黏膜出血，有少量隆起的小瘢块。偶见少数病例食道黏膜有少量芝麻大白色假膜。具有神经症状的病死鹅，脑血管充血。

【实验室检查】进行病毒分离，以及用血凝试验和血凝抑制试验、中和试验、保护试验等血清学方法进行鉴定而确诊。

【鉴别诊断】

1. 鹅副黏病毒病与鹅鸭瘟病毒病的鉴别

［**相似点**］鹅副黏病毒病与鹅鸭瘟病毒病均有传染性，有精神萎靡、羽毛松乱、缩颈垂翅、食欲减少或废绝、渴欲增加、下痢、呼吸困难、神经症状等临床表现及肠道出血等病理变化。

［**不同点**］鹅鸭瘟病毒病是由鸭瘟病毒引起的一种高死亡率、急性败血性传染病，本病的主要特征是头颈肿大、高热、流泪、下痢、粪便呈灰绿色、两腿麻痹无力，俗称“大头瘟”。鹅副黏病毒病排稀白色或黄绿色或绿色稀粪。鹅鸭瘟病毒病的患鹅在下眼睑、食道和泄殖腔黏膜有出血溃疡和假膜特征性病变，而鹅副黏病毒病无此病变。两种病毒均能在鸭胚和鸡胚上繁殖，并引起胚胎死亡。鸭瘟病毒致死的胚胎绒毛尿囊液无血凝性，而鹅副黏病毒致死的胚胎绒尿液能凝集鸡红细胞并被特异抗血清所抑制，不被抗鸭瘟病毒血清抑制。

2. 鹅副黏病毒病与鹅禽流感的鉴别

［**相似点**］鹅副黏病毒病与鹅禽流感均有传染性，有精神萎靡、羽毛松乱、食欲减少或废绝、拉稀、神经症状等临床表现及消化道病变。

［**不同点**］鹅禽流感是由A型流感病毒引起的，以冬春季最常见，脚爪脱水，头冠部、颈部明显肿胀，眼睑、结膜充血、出血，排绿色稀便。发病急、病势猛、病情重，患病的鹅多有严重出血、胸腺萎缩和出血、脾脏出血和坏死等特性病理变化。特征为全身器官出血（鹅禽流感眼部出血、头面部肿胀、脚鳞出血、喉头气管

出血、腺胃黏膜上有脓性分泌物等)。

鹅副黏病毒病患病初期拉白色稀粪，后呈水样，带暗红、黄色或绿色。种鹅停止产蛋但饮水增加，有时健康的鹅吃食时突然死亡。然后发现扭颈、劈叉等神经症状。患鹅脾脏肿大，有灰白色、大小不一的坏死灶，同时肠道黏膜有散在性或弥漫性大小不一、淡黄色或灰白色的纤维素性结痂病灶。

两种病毒均具有凝集红细胞的特性，但鹅副黏病毒血凝性能被特异抗血清所抑制，而不被禽流感抗血清所抑制，鹅流感血凝性正相反。

3. 鹅副黏病毒病与鹅巴氏杆菌病的鉴别

［**相似点**］鹅副黏病毒病与鹅巴氏杆菌病均有精神委顿、蹲伏地面、不愿走动、被毛松乱、食欲减退、饮水增加、呼吸困难、腹泻等临床表现以及肝脏肿胀、胆囊充盈、肠道病变。

［**不同点**］鹅巴氏杆菌病（禽霍乱）是由多杀性巴氏杆菌引起的接触性传染病，常引起鹅的急性败血症及组织器官出血性炎症，多发生于青年、成年鹅。无明显的季节性，一年四季均可发生；常伴有严重的下痢，排出绿色、灰白色或淡绿色恶臭稀粪。而鹅副黏病毒病各种年龄的鹅都具有较强的易感性，日龄愈小，发病率、死亡率愈高，雏鹅发病后常引起死亡；病初期拉白色稀粪，后呈水样，带暗红、黄色或绿色。鹅巴氏杆菌感染的患鹅肝脏有散在性或弥漫性针头大小坏死病灶，肝脏触片用美蓝染色镜检可见两极染色的卵圆形小杆菌，肝脏接种鲜血培养基可见露珠状小菌落，涂片革兰染色镜检为

阴性卵圆形小杆菌。而鹅副黏病毒感染患鹅的肝脏无坏死病灶，肝脏触片美蓝染色阴性，肝脏接种鲜血培养基阴性，肝脏接种鸡胚能引起鸡胚死亡且绒尿液能凝集鸡红细胞并被特异抗血清抑制；广谱抗生素和磺胺类药对鹅巴氏杆菌病有防治作用，而对鹅副黏病毒病无任何作用。

4. 鹅副黏病毒病与小鹅瘟的鉴别

［**相似点**］鹅副黏病毒病与小鹅瘟均有精神萎靡、食欲减退或废绝、腹泻和神经症状等临床表现以及肠道黏膜上皮坏死脱落、与渗出的纤维素一起形成假膜、包裹肠内容物致使肠道膨大病等病理变化。

［**不同点**］小鹅瘟是由细小病毒引起的雏鹅与雏番鸭感染的一种急性或亚急性的高度致死性传染病，主要侵害20日龄以内的雏鹅，致死率高达90%以上，超过3周龄雏鹅仅少数发生，1月龄以上雏鹅基本不发生。病鹅严重下痢，排出混有气泡的黄白色或黄绿色水样稀粪；鼻分泌液增多，摇头，口角有液体甩出，喙和蹼色绀；临死前出现神经症状，全身抽搐或发生瘫痪。而鹅副黏病毒病各种品种和日龄鹅均具有高度易感性，病鹅开始排白色稀便，随病情发展，病鹅伏卧于地，站立困难，粪便逐渐变为黄色、暗红色或绿色，少数病鹅后期出现扭颈、转圈、仰头等神经症状。最急性小鹅瘟病例一般可见十二指肠黏膜呈急性卡他性炎症、胆囊胀大和有胆汁渗出等。而鹅副黏病毒病则易观察到胰腺坏死病变。副黏病毒病的“香肠样”病变长度比小鹅瘟形成的要长，通常为15～20厘米。

用脑、脾、胰或肠道病料处理后接种鸡胚，一般于36～72小时死亡，绒尿液具有血凝性，并能被禽副黏病毒Ⅰ型抗血清所抑制，可确诊为鹅副黏病毒病。

5. 鹅副黏病毒病与沙门菌性白痢的鉴别

［**相似点**］鹅副黏病毒病与沙门菌性白痢均有精神委顿、食欲减退或废绝、羽毛蓬松、不愿走动、腹泻、神经症状等临床表现以及肝脾脏大、胆囊充盈和肠道病变。

［**不同点**］鹅沙门菌性白痢病是由鼠伤寒、鸭肠炎、德尔卑等多种沙门菌所致，常呈败血症，造成大批死亡；患鹅腹泻，排出黄色水样粪便，死前头向后仰，腿后蹬，呈角弓反张；少数雏鹅发病后有甩头、咳嗽等呼吸道症状。而鹅副黏病毒病各种品种和日龄鹅均具有高度易感性，病鹅开始排白色稀便，随病情发展，病鹅伏卧于地，站立困难，粪便逐渐变为黄色、暗红色或绿色，少数病鹅后期出现扭颈、转圈、仰头等神经症状。沙门菌性白痢病鹅肝脏肿大，充血，呈古铜色，表面被纤维素性渗出物覆盖，肝实质有黄白色针尖大的坏死灶，脾脏肿大并伴有出血条纹或坏死点，胆囊肿胀，十二指肠出血严重。而鹅副黏病毒病肝脏轻度肿大、瘀血，少数有散在的坏死灶，脾脏轻度肿大，有芝麻大的坏死灶；将患鹅肝脏做触片，用美蓝或拉埃氏染色，见有卵圆形小杆菌，即可疑为沙门菌。而小鹅瘟肝脏病料没有卵圆形小杆菌。

将肝脏病料接种于麦康凯培养基，经24小时培养，见有光滑、圆形、半透明的菌落，涂片，革兰染色，镜检为革兰阴性小杆菌，经生化和血清学鉴定，即可确诊

为鹅沙门菌病。

6. 鹅副黏病毒病与小鹅流行性感冒的鉴别

［**相似点**］鹅副黏病毒病与小鹅流行性感冒均有传染性，有食欲减退、腹泻等临床症状和肝脾病变。

［**不同点**］小鹅流行性感冒的病原体是志贺杆菌，是鹅的一种急性、渗出性、败血性传染病，主要侵害15日龄以后的雏鹅，流行范围相对较小，发病率与死亡率一般在30%～50%，成鹅感染时仅个别死亡。而鹅副黏病毒病主要发生在雏鹅，日龄越小发病率和死亡率越高，尤其以15日龄以内的雏鹅发病和死亡率高可达90%以上。小鹅流行性感冒表现为呼吸道急性卡他性症状，流鼻液，呼吸困难，强力摇头，食欲减少；重病的下痢，腿脚麻痹，不能站立，只能蹲在伏地上。鹅副黏病毒病后期出现扭颈，转圈仰头等神经症状，10日龄左右雏鹅常出现甩头现象，排白色、绿色、黄色、暗红色或墨绿色稀便或水样便。小鹅流行性感冒呼吸器官表面可见到明显的纤维性增生物，脾脏肿大，表面有粟粒状灰白色斑点，心内膜及外膜充血、出血，肝脏有脂肪样病变。而鹅副黏病毒病主要病变在消化道，食道黏膜特别是下端有散在芝麻粒大小的灰白色或淡黄色易剥离结痂，除去痂后有出血性溃疡面，肝肿大，瘀血质地较硬，脾、胰腺、心肌、肠黏膜等处有芝麻粒大小灰白色坏死灶。

【防制】

对于本病目前尚无特殊的药物治疗。

1. 预防措施

（1）免疫接种　应用经鉴定的基因Ⅳ型毒株制备的、

含高抗原量的灭活苗，有较高的保护率。种鹅免疫：在留种时应用副黏病毒病油乳剂灭活苗进行1次免疫，产蛋前15天左右进行第2次免疫，再过3个月左右进行第3次免疫，每鹅每次肌肉注射0.5毫升；雏鹅，在10日龄以内或15～20日龄进行首免，每雏鹅皮下注射0.3～0.5毫升鹅疫油乳剂灭活苗。首免后2个月左右进行第2次免疫，每只肌内注射0.5毫升。也可用鹅疫灭活苗，或鹅副黏病毒病和鹅疫二联灭活苗进行免疫。抗血清（或卵黄抗体）在患病鹅群中使用，有一定效果。

（2）调整饲料组成成分　患病期间减少全价饲料用量，增加青饲料（嫩牧草），让鹅群自由采食，暂停投喂带壳谷类饲料。

（3）做好环境清洁卫生工作　做好鹅场及鹅舍的隔离、卫生，禽舍和场地用1∶300稀释的双季铵盐络合碘液喷洒消毒，每天1次，连续7天。

2. 发病后措施

首先隔离病鸭病鹅，并对场地严格消毒，使用双链季铵盐络合碘（鼎碘）按1∶800浓度进行消毒，每天1次，连用5天。

处方1：副黏病毒高免蛋黄液3毫升/只和10%西咪替丁注射液0.4毫升/只，分点胸肌注射，每天1次，连用2天。或高免血清，病鹅每只皮下注射0.8～1毫升。

处方2：500千克体重鹅群，病毒唑20克、头孢氨苄10克、硫酸新霉素6克，加水100千克混饮，隔8小时后再以维生素C 25克、葡萄糖2千克，加水100千克溶解后让鹅自由饮用，每天1次，连用3天。

四、鹅的鸭瘟病毒病

鹅的鸭瘟病是由鸭瘟病毒引起的一种高死亡率、急性败血性传染病。本病的主要特征是头颈肿大、高热、流泪、下痢、粪便呈灰绿色、两腿麻痹无力，俗称“大头瘟”。

【病原】病原为鸭瘟病毒，属于疱疹病毒，该病毒存在于病鹅的各个内脏器官、血液、分泌物和排泄物中，一般认为肝、脾脏和脑的病毒含量最高。在电子显微镜下观察，病毒呈球状，大小在100纳米左右。病毒能够在9～14日龄发育鸭胚的绒毛尿囊膜上生长繁殖。接种病毒的鸭胚通常在7～9天死亡。亦能在发育的鸡胚、鹅胚以及鸭胚成纤维细胞上繁殖，并产生细胞病变。

本病毒不凝集红细胞，一般对热、干燥和普通消毒药都很敏感。病毒在56℃10分钟就被杀死，在50℃时需要90～120分钟才能使病毒灭活，而在室温条件下（22℃）其传染力能够维持30天，在氯化钙干燥的条件下，能维持9天，但病毒对低温的抵抗力较强，在－20℃经347天仍能使鹅发病。

【流行病学】本病一年四季均可发生，通常以春夏之际和秋天购销旺季时流行最严重。鸭群流动频繁，也易于疫病传播流行。任何品种和性别的鹅，对鸭瘟都有较高的易感性。60日龄以下的鹅群一年四季均可发生鹅鸭瘟病，但以春夏和秋季发生最多且严重，传播快而流行广，发病率高达95%以上，小鹅死亡率高达70%～80%。60日龄以上大鹅也有发生，尤以产蛋母鹅群的发病率和死亡率高，均可高达80％～90％。公鹅抵抗力较母鹅强。

传染源主要是病鹅（病愈不久的鹅可带毒3个月）和潜伏期的感染鸭鹅。主要通过消化道感染，但也可通过呼吸道、交配和眼结膜感染，口服、滴鼻、泄殖腔接种、静脉注射、腹腔注射和肌内注射等人工感染途径，均可使健康易感鹅致病。健康鹅与病鹅同群放牧均能发生感染，病鹅排泄物污染的饲料、水源、用具和运输工具，以及鸭舍周围的环境，都有可能造成鹅群瘟的传播。某些野生水禽如野鸭和飞鸟，能感染和携带病毒，成为本病传染源或传染媒介，此外某些吸血昆虫也有可能传播本病。

【临床症状】潜伏期一般为3～5天，发病初期，病鹅精神委顿、缩颈垂翅，食欲减少或停食，渴欲增加，体温升高达43℃以上，高热稽留，全身体表温度增高，尤其是头部和翅膀最显著。病鹅不愿下水，行动困难甚至伏地不愿移动，强行驱赶时，步态不稳或两翅扑地勉强挣扎而行。走不了几步，即行倒地，以致完全不能站立。畏光、流泪、眼睑水肿，眼睑周围羽毛沾湿或有脓性分泌物将眼睑粘连，甚至眼角形成出血性小溃疡。部分病鹅头颈部肿胀，病鹅鼻腔流出浆液性或黏液性分泌物，呼吸困难，叫声嘶哑，下痢，排出灰白色或绿色稀粪，肛门周围的羽毛沾污并结块，泄殖腔黏膜充血、出血、水肿，严重者黏膜外翻，可见黏膜表面覆盖一层不易剥离的黄绿色的假膜。发病后期体温下降，病鹅极度衰竭死亡。急性病程一般为2～5天，慢的可以拖延1周

以上，少数不死的转为慢性，仅有极少数病鹅可以耐过，一般都表现消瘦，生长发育不良。

【病理变化】患典型鸭瘟的病死鹅皮下组织发生不同程度的炎性水肿，在头颈部肿大的病例，皮下组织有淡黄色胶冻样浸润。口腔黏膜主要是舌根、咽部和上腭部黏膜表面常有淡黄色假膜覆盖，剥离后露出鲜红色外形不规则的出血浅溃疡。食道黏膜的病变具有特征性。外观有纵行排列的灰黄色假膜覆盖或散在的出血点，假膜易刮落，刮落后留有大小不等的出血浅溃疡。有时腺胃与食道膨大部的交界处或与肌胃的交界处常见有灰黄色坏死带或出血带，腺胃黏膜与肌胃角质下层充血或出血。整个肠道发生急性卡他性炎症，以小肠和直肠最严重，肠集合淋巴滤泡肿大或坏死。泄殖腔黏膜的病变也具有特征性，黏膜表面有出血斑点和覆盖着一层不易剥离的黄绿色坏死结痂或溃疡。腔上囊黏膜充血、出血，后期常见有黄白色凝固的渗出物。心内外膜有出血斑点，心血凝固不良，气管黏膜充血，有时可见肺充血或出血、水肿。肝脏早期有出血斑点，后期出现大小不等的灰黄色的坏死灶，常见坏死灶中间有小点出血。胆囊充盈，有时可见黏膜出现小溃疡。脾脏一般不肿大，颜色变深，常见有出血点和灰黄色的坏死点。产蛋母鹅的卵巢亦有明显病变，卵泡充血、出血或整个卵泡变成暗红色。

【实验室检查】

1. 病毒分离

无菌操作取病死鹅的肝脏、脾脏组织，剪碎研磨后加无菌生理盐水，制成1∶5混悬液，加青霉素1000国际单位/毫升，作用1小时，经每分钟3000转离心后取上清液，以绒毛尿囊膜途径接种10日龄鸡胚和11日龄鸭胚各10枚，每枚0.2毫升，同时设无菌生理盐水和空白对照组，37℃培养。接种病料的鸡胚发育正常，鸭胚4～6小时全部死亡，胚体充血、出血。

2. 中和试验

取20枚11日龄的鸭胚分成两组，每组10枚，将分离的病毒作1∶50倍稀释，第1组用鸭瘟血清与等量的待检病毒液充分混匀，作用1小时，再接种第1组鸭胚；第2组不加鸭瘟血清，接种鸭胚，37℃下培养观察，第1组5天后全部存活，第2组5天后全部死亡。

3. 动物试验

取10日龄非免疫雏鸭12只，分成2组。第1组每只肌内注射抗鸭瘟血清1.5毫升，第2组不注射抗鸭瘟血清，24小时后2组同时用尿囊液肌内注射，每只0.2毫升。注射抗鸭瘟血清的雏鸭5天后全部生长正常，未注射抗鸭瘟血清的一组5天后全部死亡，死后剖检可见口腔、食道内有黄色分泌物，黏膜上有伪膜，剥离伪膜有溃疡；肝脏肿大，有出血斑点等鸭瘟病变。

【鉴别诊断】依据本病流行特点、临床症状及剖检病变，特别是在回盲段、空肠与十二指肠内有溃疡性病变，可诊断为鹅的鸭瘟病毒病。

1. 鹅鸭瘟病毒病与小鹅瘟的鉴别

［**相似点**］鹅鸭瘟病毒病与小鹅瘟均有肿头流泪、体温升高、两脚发软、严重下痢、呼吸困难等临床症状和

肠道病变。

［**不同点**］小鹅瘟的病原体是小鹅瘟病毒，在禽类中只有鹅易感，是发生于雏鹅的一种急性、病毒性传染病；主要发生于3～20日龄，雏鹅流行广而快，发病率、死亡率50%～70%，3周龄以上雏鹅发病率逐渐降低，成鹅呈隐性感染；病鹅食道膨大部松软有多量液体及气体，排灰白或淡黄绿色混有气泡和黏膜的稀便，摇头，口角有液体甩出，呆立，出现痉挛、扭颈、腿麻痹。而鹅鸭瘟病毒病可发生于雏鹅，也可发生成年母鹅，特征病状是头、颈部肿大，眼睑水肿，流泪，眼周围羽毛湿润，眼结膜充血、出血，自鼻孔流出多量浆液或黏液性分泌物，呼吸困难，排黄绿、灰绿或黄白色稀便，粪中带血，常污染肛门周围羽毛，严重者肛门水肿，泄殖腔外翻。小鹅瘟病变主要在消化道，特别是小肠部分，小肠黏膜发炎、坏死，小肠中、下段外观似“香肠样”，内有带状或圆柱状灰白色或淡黄色栓子，栓子较短，呈2～5厘米的节段，有的没有栓子，但整个肠腔中充满黏稠的内容物，黏膜充血、发红，表现急性卡他性肠炎变化，病鹅的肝脏肿大，呈深紫色或黄红色，胆囊明显膨大，充满暗绿色胆汁，脑严重充血。而鹅鸭瘟病毒病的病变为全身浆膜、黏膜、皮肤有出血斑块，眼睑肿胀、充血、出血并有坏死灶；在舌根、咽部和上腭及食管黏膜上有灰黄色假膜或出血斑，腺胃与肌胃交界处或肌胃与十二指肠交界处有出血带，肌胃角质膜下有充血、出血，有时可见溃疡，肠系膜有出血点或斑，整个肠黏膜呈弥漫性出血，尤以十二指肠和小肠呈严重的弥漫性充血、出血

或急性卡他性炎症；心肝肾等实质器官表面有小点状瘀血或出血。

2. 鹅鸭瘟病毒病与小鹅流行性感冒的鉴别

［**相似点**］鹅鸭瘟病毒病与小鹅流行性感冒均有雏鹅发生，精神沉郁、食欲减退和呼吸困难、流鼻液等临床表现和心脏病变。

［**不同点**］小鹅流行性感冒的病原是志贺杆菌，是鹅的一种急性、渗出性、败血性传染病，主要侵害15日龄以后的雏鹅，流行范围相对较小，发病率与死亡率一般在30％～50％。而鸭瘟病毒病是鸭、鹅等水禽的一种急性、热性、败血性传染病，发生于15～50日龄的雏鹅，死亡率达80％左右，成年母鹅发病率和死亡率也较高。小鹅流行性感冒主要表现呼吸道急性卡他性症状，重病的下痢，腿脚麻痹，不能站立，只能蹲在伏地上。而鸭瘟病毒病特征病状是头、颈部肿大，眼睑水肿，流泪，眼周围羽毛湿润，眼结膜充血、出血，呼吸困难，排黄绿、灰绿或黄白色稀便，粪中带血，常污染肛门周围羽毛，严重者肛门水肿，泄殖腔外翻。小鹅流行性感冒呼吸器官表面可见到明显的纤维性增生物，脾脏肿大，表面有粟粒状灰白色斑点，心内膜及外膜充血、出血，肝脏有脂肪样病变。而鸭瘟病毒病病变为全身浆膜、黏膜、皮肤有出血斑块，眼睑肿胀、充血、出血并有坏死灶，消化道出血，心肝肾等实质器官表面有小点，状瘀血或出血。

3. 鹅鸭瘟病毒病与鹅副黏病毒病的鉴别

［**相似点**］鹅鸭瘟病毒病与鹅副黏病毒病均主要危害

雏鹅，有精神萎靡、食欲不振、腹泻以及消化道病变。

［**不同点**］鹅副黏病毒病的病原体是鹅副黏病毒，主要发生于15～60日龄雏鹅，日龄越小发病率和死亡率越高，尤其以15日龄以内的雏鹅发病和死亡率高，可高达90%以上。而鹅鸭瘟病毒病主要发生于15～50日龄的雏鹅，死亡率达80%左右，成鹅发病率也较高。鹅副黏病毒病，后期出现扭颈、转圈仰头等神经症状，10日龄左右雏鹅常出现甩头现象，排白色、绿色、黄色、暗红色或墨绿色稀便或水样便。而鹅鸭瘟病毒病病鹅的头、颈部肿大，眼睑水肿，流泪，眼周围羽毛湿润，眼结膜充血、出血，自鼻孔流出多量浆液或黏液性分泌物；呼吸困难，排黄绿、灰绿或黄白色稀便，粪中带血，常污染肛门周围羽毛，严重者肛门水肿，泄殖腔外翻。鹅副黏病毒病主要病变在消化道，食道黏膜特别是下端有散在芝麻粒大小的灰白色或淡黄色易剥离结痂，除去痂后有出血性溃疡面，肝肿大，瘀血质地较硬，脾、胰腺、心肌、肠黏膜等处有芝麻粒大小灰白色坏死灶。而鸭瘟病毒病的病理变化主要以全身败血性为主要特征。以全身的浆膜、黏膜和内脏器官有不同程度的出血斑点或坏死灶，特别是肝脏的变化及消化道黏膜的出血和坏死更为典型。

4. 鹅鸭瘟病毒病与雏鹅新型病毒性肠炎的鉴别

［**相似点**］鹅鸭瘟病毒病与雏鹅新型病毒性肠炎主要危害雏鹅，均有精神不振、呼吸困难、腹泻等临床症状以及肠道出血的病理变化。

［**不同点**］雏鹅新型病毒性肠炎的病原体是腺病毒，

3～30日龄雏鹅均可发病，10～18日龄为发病高峰期，死亡率为25%～100%，30日龄以上几乎无死亡，多发生于春夏季节，秋冬较少发生。而鸭瘟病毒病可以发生于15～50日龄的雏鹅，死亡率达80%左右，产蛋母鹅也有较高的发病率和死亡率。雏鹅新型病毒性肠炎病鹅精神沉郁、食欲减退，常啄食后又丢弃，随病程发展出现行动迟缓、嗜睡、饮欲增加，排淡黄色或灰白色蛋清样稀便，常混有气泡恶臭、呼吸困难，自鼻孔流出少量浆液样分泌物；喙端及边缘变暗，死前两腿麻痹不能站立，以喙触地昏睡或抽搐而死。而鹅鸭瘟病毒病特征病状是头、颈部肿大，眼睑水肿，流泪，眼周围羽毛湿润，眼结膜充血、出血，自鼻孔流出多量浆液或黏液性分泌物；呼吸困难，排黄绿、灰绿或黄白色稀便，粪中带血，常污染肛门周围羽毛，严重者肛门水肿，泄殖腔外翻。雏鹅新型病毒性肠炎的病变主要在肠道，在肠道内出现凝固性栓子，外观似“香肠样”，直径较细，长度可达10厘米以上，多数为1段，少数出现2段的栓塞，无栓塞肠段黏膜严重出血（而鸭瘟病毒病的病理变化主要以全身败血性为主要特征，以全身的浆膜、黏膜和内脏器官有不同程度的出血斑点或坏死灶，特别是肝脏的变化及消化道黏膜的出血和坏死更为典型）。

5. 鹅鸭瘟病毒病与鹅巴氏杆菌病（禽霍乱、禽出血性败血症、摇头瘟）的鉴别

［**相似点**］鹅鸭瘟病毒病与鹅巴氏杆菌病均有体温升高、精神不振、呼吸困难、腹泻等临床症状以及肠道出血和肝脏有坏死灶等病理变化。

[**不同点**] 鹅巴氏杆菌病的病原是禽多杀性巴氏杆菌，多发生于青年鹅、成年鹅，患鹅心冠脂肪有出血斑点，肝脏有散在性或弥漫性针头大小坏死灶病变特征，应用广谱抗生素和磺胺类药有紧急预防和治疗作用。鹅鸭瘟病毒病病鹅头、颈部肿大，眼睑水肿（俗称“大头瘟”），肝脏早期有出血斑点，后期出现大小不等的灰黄色的坏死灶，常见坏死灶中间有小点出血。使用抗菌药物治疗无效。

6. 鹅鸭瘟病毒病与鹅禽流感的鉴别

[**相似点**] 鹅鸭瘟病毒病与鹅禽流感均有体温升高、精神不振、呼吸困难、腹泻、头颈肿大等临床症状以及肠道出血和肝脏有坏死灶等病理变化。

[**不同点**] 鹅禽流感的病原是A型流感病毒，各种日龄的鹅群均有高度易感性，雏鹅的发病率和死亡率高，病鹅鼻腔流液，常强力摇头，病重者腹泻，脚麻痹，剖检可见呼吸器官纤维性增生，脾肿大，有粟粒状灰白色坏死灶，心内外膜及黏膜充血或出血，肝脂肪性病变。鹅鸭瘟病毒病多发于青年鹅，病鹅头部及颌部皮下水肿。剖检可见皮下出血，腺胃黏膜出血，小肠弥漫性充血，肝脏有数量不等的出血点或黄色坏死灶。

7. 鹅鸭瘟病毒病与鹅球虫病的鉴别

[**相似点**] 鹅鸭瘟病毒病与鹅球虫病均有传染性，有委顿、嗜睡、减食或废食、离群、拉稀粪等临床表现和肠黏膜出血等病理变化。

[**不同点**] 鹅球虫病是由鹅球虫引起的雏、仔鹅球虫病，本病一般侵害3～12周的雏鹅和育成鹅，并集中于

5～9 月发病，患鹅粪便稀薄并常呈鲜红色或棕褐色，内含有脱落的肠黏膜；十二指肠到回盲瓣处的肠管扩张，腔内充满血液和脱落黏膜碎片，肠壁增厚，黏膜有大面积的充血区和弥漫性出血点，黏膜面粗糙不平。鹅鸭瘟病毒病病鹅头部及颌部皮下水肿，有呼吸困难，叫声嘶哑，排出灰白色或绿色稀粪。取病鹅粪便和病变较明显的小肠刮取物制片，直接或经染色后镜检，可见有多量球虫卵囊及裂殖子，即可诊断为鹅球虫病。

【防制】

1. 预防措施

（1）注意隔离、卫生和消毒　采用“全进全出”的饲养制度。不从疫区引种，需要引进种蛋或种雏时，要严格进行检疫和消毒处理，经隔离饲养 10～15 天证明无病后方可并群饲养。鹅群不可在可能感染疫病的地方放牧（如上游有病鸭，下游就不能放牧）。饮水每升要加入 50～100 毫克百毒杀等消毒。被污染的放牧水体也要按每亩泼洒 20～30 千克生石灰进行消毒。

（2）科学饲养管理　加强饲养管理，注意环境卫生。鹅舍要每天打扫干净，粪水等集中密闭堆埋发酵。鹅舍、运动场、用具、贩运车辆和笼子等每周或每天应用 10％～20％石灰乳、或 5％漂白粉、或（1∶300）～（1∶400）抗毒威等消毒；在日粮中注意添加多维素和矿物质，以增强机体的抗病力。

（3）免疫接种　接种疫苗时要严格按瓶签上标明的剂量接种，不使用非正规厂家生产的疫苗。疫苗使用时要用生理盐水或蒸馏水稀释，鹅在 20～30 日龄肌内或皮

下注射鸭瘟疫苗，每只 0.5 毫升。发现病鹅立即对鹅群紧急预防注射鸭瘟疫苗。

2. 发病后的措施

发现病鹅应停止放牧，隔离饲养，以防止病毒传播扩散。

处方 1：紧急预防注射鸭瘟疫苗，最好做到注射 1 只鹅换 1 个针头，每只 3～4 羽份。

处方 2：立即使用鸭瘟高免血清，鹅 3 毫升/羽，一次皮下或肌内注射。

处方 3：清瘟败毒散，按 1.2%比例混饲或按家禽每千克体重每日 0.8 克喂给，连用 3～5 天。

五、雏鹅新型病毒性肠炎

雏鹅新型病毒性肠炎是由是新型腺病毒即 A 型腺病毒引起的，主要侵害 40 日龄以内的雏鹅，致死率高达 90%以上的一种急性传染病。

【病原】本病为新型腺病毒即 A 型腺病毒，病毒粒子呈球形或略呈椭圆形，无囊膜，直径 70～90 纳米，病毒衣壳结构清晰。对乙醚、氯仿、脱氧胆脂酸、胰蛋白酶、2%的酚和 5%的乙酸等脂溶剂具有抵抗力，可耐受 pH 3～9，在 1∶1000 浓度甲醛中可被灭活，可被 DNA 抑制剂 5-碘脱氧尿嘧啶和 5-溴脱氧尿嘧啶所抑制。

【流行病学】雏鹅新型病毒性肠炎主要发生于 3～40 日龄的雏鹅，发病率 10%～50%不等，致死率可达 90%以上。其死亡高峰为 10～18 日龄，病程为 2～3 天，有的长达 5 天以上。成年鹅感染后无临床症状。

【临床症状】病鹅表现为精神沉郁或打瞌睡，病情传播迅速，患病雏鹅腿麻痹，不愿走动，食欲减退或废绝。叫声嘶哑，羽毛蓬松，泄殖腔的周围常常沾满粪便。排出的粪便呈水样，其间夹杂黄绿色或灰白色黏液物质，个别因肠道出血严重，排出淡红色粪便。行走摇晃，间歇性倒地，抽搐，两脚朝天划动，最后因严重脱水衰竭死亡，多呈角弓反张状态。患病雏鹅恢复后，常常表现为生长发育迟缓，给养鹅业造成的经济损失是十分严重的。

【病理变化】剖检死亡病鹅除了见肠道有明显的病理变化外，其他脏器无肉眼可见的病理变化。急性死亡只能见到直肠、盲肠充血肿大及轻微出血；亚急性死亡则除了肠道有较多的黏液外，泄殖腔膨胀、充满白色稀薄的内容物，明显的病变表现为小肠外观膨大，比正常大1～2倍，内为包裹有淡黄色假膜的凝固性栓子。有栓塞物处的肠壁菲薄透明，无栓子的肠壁则严重出血。

程安春等报道，亚急性病死鹅的病理变化如下。

① 十二指肠上皮细胞完全脱落，固有膜充满大量的红细胞，有的固有膜水肿，内有大量的淋巴细胞浸润。肠腺细胞空泡变性，坏死，结构散乱。有的十二指肠为典型的纤维素性坏死性肠炎，肠绒毛绝大部分脱落，分离面平整，肠中有大量纤维素、炎性细胞、细菌等，严重的病例固有膜也坏死、脱落；肠腔中充满大量脱落、坏死的上皮细胞、纤维素等。

② 回肠的绒毛顶端上皮坏死、脱落，胰腺细胞肿胀、空泡变性、结构散乱，有的轮廓消失，有的有大量结缔组织增生，严重的回肠也为典型的纤维素性坏死性肠炎。

③ 肝脏局部充血，轻度的颗粒变性，部分脂肪变性。

④ 其他脏器无明显的病理变化。

【实验室检查】血清学中和试验（用该病毒免疫兔子制备高免血清，血清琼扩效价大于等于 1：32 时可用作血清中和试验。干鸭胚原代成纤维细胞上能够中和 1000LD_{50}的已知病毒即可确诊。中和试验也可用易感雏鹅进行）和雏鹅血清保护试验（1～3 日龄易感雏鹅 20 只，随机分成两组，每组 10 只，1 组和 2 组每只口服 1 万倍 LD_{50}的雏鹅病毒性肠炎病毒，经 12 小时，第 1 组每只皮下注射高免血清 1 毫升作试验组，第 2 组每只皮下注射 0.5 毫升生理盐水作为对照。实验组全部存活而对照组全部死亡即可确诊）。

【鉴别诊断】注意与小鹅瘟、球虫病相区别。雏鹅球虫病于小肠形成的栓子极其容易与本病混淆。但在光学显微镜下，可以从雏鹅球虫病的肠内容物涂片发现大量的球虫卵囊，且使用抗球虫药物效果良好。雏鹅新型病毒性肠炎的临床症状、病理变化甚至组织学变化与小鹅瘟非常相似，难以区别，需要通过病毒学及血清学等实验室手段进行区别诊断。

1. 雏鹅新型病毒性肠炎与小鹅瘟的鉴别

［**相似点**］雏鹅新型病毒性肠炎与小鹅瘟潜伏期均为 3～5 天，以消化道和神经中枢紊乱为主要表现，精神沉郁、食欲减少、嗜睡、腹泻，剖检均表现为肝瘀血、出血。有胆囊肿胀、扩张、胆汁呈深绿色，肾脏充血、轻微出血，脾脏充血，皮下充血、出血，特征病变在肠道等病理变化。

［**不同点**］小鹅瘟是由小鹅瘟病毒引起的雏鹅急性败血性传染病，排淡黄绿色、灰白色稀便，混有气泡、恶臭；呼吸困难、鼻孔流出少量浆液性分泌物，喙部发绀，死前麻痹，不能站立，以喙角触地、昏睡而死或抽搐而死。而雏鹅新型病毒性肠炎为腺病毒属的肠炎病毒引起的，发生于3～30日龄的雏鹅，10～18日龄达到死亡高峰，死亡率25％～75％；30日龄以后基本不发生死亡，10日龄以后死亡的病例60％～80％出现小肠的香肠样凝固性栓子；急性型粪便呈黄白色、水样有气泡，临死前出现瘫痪、麻痹、扭颈或抽搐现象。小鹅瘟的“腊肠栓子”出现在小肠后段卵黄囊柄前后部位，而新型病毒性肠炎形成的“腊肠栓子”在小肠的前、中、后段均可形成，其长度比小鹅瘟的栓子长度要长得多。

2. 雏鹅新型病毒性肠炎与鹅鸭瘟病毒病的鉴别

［**相似点**］雏鹅新型病毒性肠炎与鹅鸭瘟病毒病主要危害雏鹅，均有精神不振、呼吸困难、腹泻等临床症状以及肠道出血的病理变化。

［**不同点**］鸭瘟病毒病是由鸭瘟病毒引起的，主要发生于15～50日龄的雏鹅，死亡率达80％左右，产蛋母鹅也有较高的发病率和死亡率。而雏鹅新型病毒性肠炎10～18日龄为发病高峰期（3～30日龄雏鹅均可发病），死亡率为25％～100％，30日龄以上几乎无死亡，多发生于春夏季节，秋冬较少发生。鹅鸭瘟病毒病特征病状是头、颈部肿大，眼睑水肿，流泪，眼周围羽毛湿润；眼结膜充血、出血；自鼻孔流出多量浆液或黏液性分泌物；呼吸困难，排黄绿、灰绿或黄白色稀便，粪中带血，

常污染肛门周围羽毛，严重者肛门水肿，泄殖腔外翻。而雏鹅新型病毒性肠炎病鹅精神沉郁、食欲减退，常啄食后又丢弃，随病程发展出现行动迟缓、嗜睡、饮欲增加，排淡黄色或灰白色蛋清样稀便，常混有气泡恶臭、呼吸困难，自鼻孔流出少量浆液样分泌物；喙端及边缘变暗，死前两腿麻痹不能站立，以喙触地昏睡或抽搐而死。而鸭瘟病毒病的病理变化主要以全身败血性为主要特征，以全身的浆膜、黏膜和内脏器官有不同程度的出血斑点或坏死灶，特别是肝脏的变化及消化道黏膜的出血和坏死更为典型。而雏鹅新型病毒性肠炎的病变主要在肠道，在肠道内出现凝固性栓子，外观似“香肠样”，直径较细，长度可达 10 厘米以上，多数为 1 段，少数出现 2 段的栓塞，无栓塞肠段黏膜严重出血。

3. 雏鹅新型病毒性肠炎与小鹅流行性感冒的鉴别

［**相似点**］雏鹅新型病毒性肠炎与小鹅流行性感冒均有传染性，食欲减退，呼吸困难和下痢等临床表现。

［**不同点**］小鹅流行性感冒的病原体是志贺杆菌，是鹅的一种急性、渗出性、败血性传染病，主要侵害 15 日龄以后的雏鹅，流行范围相对较小，发病率与死亡率一般在 30％～50％，成鹅感染时仅个别死亡。而雏鹅新型病毒性肠炎 3～30 日龄雏鹅均可发病，10～18 日龄为发病高峰期，死亡率为 25％～100％，30 日龄以上几乎无死亡，多发生于春夏季节，秋冬较少发生。小鹅流行性感冒表现为呼吸道急性卡他性症状；重病的下痢，腿脚麻痹，不能站立，只能蹲在伏地上。而鹅新型病毒性肠炎常啄食后又丢弃，随病程发展出现行动迟缓，睡饮欲

增加，排淡黄色或灰白色蛋清样稀便，常混有气泡恶臭，呼吸困难，自鼻孔流出少量浆液样分泌物。喙端及边缘变暗，死前两腿麻痹不能站立，以喙触地昏睡或抽搐而死。小鹅流行性感冒呼吸器官表面可见到明显的纤维性增生物，脾脏肿大，表面有粟粒状灰白色斑点，心内膜及外膜充血、出血，肝脏有脂肪样病变；而鹅新型病毒性肠炎病变主要在肠道，在肠道内出现凝固性栓子，外观似“香肠样”，直径较细，长度可达10厘米以上，多数为1段，少数出现2段的栓塞，无栓塞肠段黏膜严重出血。

4. 雏鹅新型病毒性肠炎与雏鹅球虫病的鉴别

［**相似点**］雏鹅新型病毒性肠炎与雏鹅球虫病均有均有传染性，有精神沉郁、嗜睡，减食或废食，离群，拉稀粪以及剖检可见肠道出血等病理变化。

［**不同点**］鹅球虫病是由鹅球虫引起的雏、仔鹅球虫病，本病一般侵害3～12周的雏鹅和育成鹅，并集中于5～9月发病，患鹅粪便稀薄并常呈鲜红色或棕褐色，内含有脱落的肠黏膜；十二指肠到回盲瓣处的肠管扩张，腔内充满血液和脱落黏膜碎片，肠壁增厚，黏膜有大面积的充血区和弥漫性出血点，黏膜面粗糙不平。雏鹅新型病毒性肠炎发生于3～40日龄的雏鹅，无季节性，泄殖腔的周围常常沾满粪便，排出的粪便呈水样，其间夹杂黄绿色或灰白色黏液物质，个别因肠道出血严重，排出淡红色粪便，明显的病变表现为小肠外观膨大，比正常大1～2倍，内为包裹有淡黄色假膜的凝固性栓子；有栓塞物处的肠壁菲薄透明，无栓子的肠壁则严重出血。

取病鹅粪便和病变较明显的小肠刮取物制片，直接或经染色后镜检，可见有多量球虫卵囊及裂殖子，即可诊断为鹅球虫病。

【防制】

1. 预防措施

本病目前尚无有效的治疗药物，重在预防。

(1) 注重隔离卫生　关键是不从疫区引进种鹅和雏鹅，在有该病发生、流行地区，必须采用疫苗进行免疫和高免血清进行防治。平时一定要坚持做好清洁、卫生、消毒、隔离工作。

(2) 疫苗免疫　种鹅免疫。在种鹅开产前1个月采用雏鹅新型病毒性肠炎-小鹅瘟二联弱毒疫苗进行2次免疫，在5～6个月内可使其种蛋孵出的雏鹅获得母源抗体保护，不发生雏鹅新型病毒性肠炎和小鹅瘟，这是目前预防该病最有效的方法。雏鹅免疫。对1日龄雏鹅，采用雏鹅新型病毒性肠炎弱毒疫苗口服免疫，第3天即可产生部分免疫，第5天即可产生100%免疫。

(3) 高免血清　对1日龄雏鹅，采用雏鹅新型病毒性肠炎高免血清或雏鹅新型病毒性肠炎-小鹅瘟二联高免血清，每只皮下注射0.5毫升，即可有效控制该病发生。

2. 发病后措施

处方：对发病的雏鹅，尽快采用雏鹅新型病毒性肠炎高免血清或雏鹅新型病毒性肠炎-小鹅瘟二联高免血清，每只皮下注射1.0～1.5毫升，治愈率可达60%～80%。在采用血清防治的同时，可适当选用维生素E、维生素C进行辅助防治，能有效地防治并发症的发生，有利于安全生产。

六、鹅包涵体肝炎

鹅包涵体肝炎又称腺病毒性肝炎，是鹅的一种急性传染病，除鹅外，其他禽类也可感染。其特征为肝脏发生脂肪变性与坏死和肝细胞内出现包涵体。

【病原】病原为禽腺病毒，该病毒对外环境有一定抵抗力，但一般消毒药仍能将其杀死。本病毒与鸡腺病毒同属Ⅰ群腺病毒，但与已知的鸡的血清型无关。

【流行病学】本病的流行病学尚不十分清楚，自然途径感染往往不能致病，当注射感染时表现出致病性，说明感染途径的重要或需其他因素协同才能致病。本病可水平和垂直传播，鹅感染后可长期带毒，间歇性排毒。继发细菌感染时可提高发病率与死亡率。

【临床症状】本病潜伏期短，为48～72小时。常未见症状而突然死亡；病程稍长者，可见病鹅精神沉郁、食欲下降、翅膀下垂、羽毛蓬乱、腹泻、排白色水样便、贫血、脸部苍白、多呈急性死亡。

【病理变化】病变可见贫血，皮下组织和肌肉水肿，骨髓呈灰白或黄色，血液稀薄。特征性病变为肝脏明显肿大，边缘钝圆，质脆，表面和切面上可见大小不一的黄白色坏死灶，脾、肾轻度肿大，色泽变淡。病理组织学检查可见肝细胞核内有包涵体。

【鉴别诊断】根据腹泻、贫血等重要的症状，肝脏肿大、质脆、黄染及包膜下有血斑和血肿，肝实质内黄白色的坏死灶，骨髓呈黄色和胶冻样变化及病理组织学检查见到肝细胞核内包涵体可以确诊。

1. 鹅包涵体肝炎与大肠杆菌病（急性败血型）的鉴别

［**相似点**］鹅包涵体肝炎与大肠杆菌病（急性败血型）均有精神沉郁、食欲下降、羽毛松乱、腹泻等临床表现。

［**不同点**］鹅大肠杆菌病是由致病性大肠杆菌引起的一种急性传染病，各种年龄的鹅都可发生，但以7～45日龄的鹅较易感；病鹅怕冷，常挤成一堆，不断尖叫，粪便稀薄而恶臭，混有血丝、血块和气泡，肛周沾满粪便。而鹅包涵体肝炎排白色水样便、贫血、脸部苍白。大肠杆菌病败血型病例主要表现为纤维素性心包炎、气囊炎、肝周炎。而鹅包涵体肝炎肝脏明显肿大，边缘钝圆，质脆，表面和切面上可见大小不一的黄白色坏死灶，脾、肾轻度肿大，色泽变淡。

2. 鹅包涵体肝炎与脂肪肝综合征的鉴别

［**相似点**］鹅包涵体肝炎与脂肪肝综合征均有突然死亡、精神不振、有的产蛋突然较少等临床症状以及贫血、肝肿大、质脆等剖检病变。

［**不同点**］鹅脂肪肝综合征的病因是长期采食高能低蛋白日粮或蛋氨酸、胆碱、维生素 B_{12}、维生素 E、生物素、硒、锰等不足或缺乏以及饲料霉变等形成，也有进行肥肝生产；多发生于30～52周龄的产蛋鹅，身体肥胖的鹅多见，公鹅、雏鹅及育成期鹅很少发生；病鹅腹泻，粪便中有完整的籽实粒；剖检肌肉苍白，肝表面和腹腔内有大量凝血块，肝脏深褐色或黄白色，油腻，刀切后刀面有脂肪滴附着，仔细察看可见肝脏表面有破裂痕迹；另外，皮下、腹腔膜、肠管、肌胃、心脏、肾脏周围有大

量的脂肪沉积，腹水增多。混有露珠样油滴。鹅包涵体肝炎排白色水样便，特征性病变为肝脏边缘钝圆，表面和切面上可见大小不一的黄白色坏死灶，脾、肾轻度肿大，色泽变淡。

3. 鹅包涵体肝炎与鹅球虫病的鉴别

［**相似点**］鹅包涵体肝炎与鹅球虫病均有精神不振，羽毛松乱，食欲减退，拉稀，生长不良，冠髯、头部皮肤苍白等临床症状。

［**不同点**］鹅球虫病是由鹅球虫引起雏、仔鹅球虫病。本病一般侵害3～12周的雏鹅和育成鹅，并集中于5～9月发病。患鹅粪便稀薄并常呈鲜红色或棕褐色，内含有脱落的肠黏膜。十二指肠到回盲瓣处的肠管扩张，腔内充满血液和脱落黏膜碎片，肠壁增厚，黏膜有大面积的充血区和弥漫性出血点，黏膜面粗糙不平。

鹅包涵体肝炎的特征性病变为肝脏明显肿大，边缘钝圆，质脆，表面和切面上可见大小不一的黄白色坏死灶，脾、肾轻度肿大，色泽变淡。

取病鹅粪便和病变较明显的小肠刮取物制片，直接或经染色后镜检，可见有多量球虫卵囊及裂殖子，即可诊断为鹅球虫病。

【防制】尚无有效疫苗预防。可喂给病禽维生素C和维生素K，能使损失降低，方法是将维生素C针剂（2毫升、0.1毫克）、维生素K_3与维生素K_4针剂（1毫升、4毫克）、庆大霉素（2万～4万单位）各1支，溶于1000毫升冷水中，让病禽自由饮用，连饮3天。重症病禽可同时肌注庆大霉素2毫克，早晚各1次。同时应

做好隔离、消毒工作，改善饲养条件，消除应激因素。

七、鹅大肠杆菌病（鹅蛋子瘟）

禽大肠杆菌病是指由致病性大肠杆菌引起家禽的多病型的疾病总称。国内各地的禽群普遍存在感染并常有发病。本病的特征是病型众多，临床上常见的病型有大肠杆菌性胚胎病与脐炎、败血症、母禽生殖器官病等，症状特征各有不同，剖检病禽常可见到纤维素性肝周炎、心包炎、气囊炎、腹膜炎及眼炎、脑炎、关节炎、肠炎、脐炎、生殖器官炎症和肉芽肿等病理变化。

【病原】病原是某些致病血清型的大肠杆菌，常见的有 QK_{89}、QK_{1}、$O7K_{1}$、$O141K_{85}$、Q_{39} 等血清型。本菌在自然界分布甚广，在污染的土壤、垫草、禽舍内等处均可发现此病原菌，从病鹅的变性卵子和腹腔渗出物中以及发病鹅群的公鹅外生殖器官病灶中都可以分离出该病原菌。本菌对外界环境抵抗力不强，一般常用的消毒药可以杀灭本菌。

【流行病学】本病的发生与不良的饲养管理有密切关系，天气寒冷、气温骤变、青饲料不足、维生素 A 缺乏、鹅群过度拥挤、闷热、长途运输等因素，均能促进本病的发生和传播。主要经消化道感染，雏鹅发病常与种蛋污染有关。成年母鹅群感染发病时，一般是产蛋初期零星发生，至产蛋高峰期发病最多，产蛋停止后本病也停止发生。流行期间常造成多数病鹅死亡。公鹅感染后，虽很少出现死亡，但可通过配种而传播本病。

【临床症状】

1. 急性败血型

急性败血型各种年龄的鹅都可发生，但以 7～45 日龄的鹅较易感。病鹅精神沉郁，羽毛松乱，怕冷，常挤成一堆，不断尖叫，体温升高，比正常鹅高 1～2℃。粪便稀薄而恶臭，混有血丝、血块和气泡，肛周沾满粪便，食欲废绝，渴欲增加，呼吸困难，最后衰竭窒息而死亡，死亡率较高。

2. 母鹅大肠杆菌性生殖器官病

母鹅大肠杆菌性生殖器官病的母鹅在产蛋后不久，部分产蛋母鹅表现精神不振，食欲减退，不愿走动，喜卧，常在水面漂浮或离群独处，气喘，站立不稳，头向下弯曲，嘴触地，腹部膨大。排黄白色稀便，肛门周围粘有污秽发臭的排泄物，其中混有蛋清、凝固的蛋白或卵黄小块。病鹅眼球下陷，喙、蹼干燥，消瘦，呈现脱水症状，最后因衰竭而死亡。即使有少数鹅能自然康复，也不能恢复产蛋。

3. 公鹅大肠杆菌性生殖器官病

公鹅大肠杆菌性生殖器官病主要表现阴茎红肿、溃疡或结节。病情严重的，阴茎表面布满绿豆粒大小的坏死灶，剥去痂块即露出溃疡灶，阴茎无法收回，丧失交配能力。

【病理变化】败血型病例主要表现为纤维素性心包炎、气囊炎、肝周炎。成年母鹅的特征性病变为卵黄性腹膜炎，腹腔内有少量淡黄色腥臭浑浊的液体，常混有

损坏的卵黄，各内脏表面覆盖有淡黄色凝固的纤维素渗出物，肠系膜互相粘连，肠浆膜上有小出血点。公鹅的病变仅局限于外生殖器，阴茎红肿，上有坏死灶和结痂。

【实验室检查】 细菌分离鉴定或玻板凝集或试管凝集试验。

【鉴别诊断】

1. 鹅大肠杆菌病与小鹅瘟的鉴别

［**相似点**］鹅大肠杆菌病与小鹅瘟均有精神沉郁、食欲减少、嗜睡、腹泻、呼吸困难等临床表现。

［**不同点**］小鹅瘟是由小鹅瘟病毒引起的雏鹅急性败血性传染病；病鹅排淡黄绿色、灰白色稀便，混有气泡、恶臭；肠道形成纤维素坏死性肠炎和脱落形成特殊的栓子。而鹅大肠杆菌病粪便稀薄而恶臭，混有血丝、血块和气泡；心包炎、气囊炎、肝周炎明显。细菌学检查小鹅瘟看不到病原体，大肠杆菌病可以检查出细菌。抗菌药物对大肠杆菌有治疗效果，对小鹅瘟无效。

2. 鹅大肠杆菌病与鹅巴氏杆菌病的鉴别

［**相似点**］鹅大肠杆菌病与鹅巴氏杆菌病均有传染，精神沉郁，食欲不振，呼吸困难和腹泻等临床症状以及肠浆膜出血等病理变化。

［**不同点**］鹅巴氏杆菌病的病原为巴氏杆菌，3～4月龄最易感，表现为剧烈腹泻，排出绿色或白色稀粪。鹅巴氏杆菌病的特征性病变发生在肝脏，肝脏肿大，色泽变淡，质地稍变硬，表面散布着许多灰白色、针尖大的坏死点；肺出血；心冠脂肪组织上面有明显的出血点。另外，腹膜、皮下组织和腹部脂肪、十二指肠也常有出

血点。鹅大肠杆菌病粪便稀薄而恶臭，死鹅主要病变在心包膜、心外膜、肝和气囊表面有纤维素性渗出物，呈淡黄绿色，凝乳样或网状，厚度不等。肝肿大，质脆，表面有针头大小、边缘不整齐的灰白色坏死灶，比巴氏杆菌病的肝脏坏死灶稍大。

3. 鹅大肠杆菌病与鹅禽流感的鉴别

[**相似点**] 鹅大肠杆菌病与鹅禽流感均有精神沉郁，食欲减退或废绝，仅饮水，呼吸困难，腹泻等临床表现以及卵巢病变。

[**不同点**] 鹅禽流感（禽流行性感冒）是由A型流感病毒引起多种家禽和野禽感染的一种传染性综合征，有很高的发病率和死亡率，产蛋鹅发生鹅流感时在数天内能引起大批鹅发病死亡，同时整个鹅群停止产蛋。这些与鹅大肠杆菌性生殖器官病在流行病学方面有很大的不同。鹅禽流感对卵巢破坏很严重，大卵泡破裂、变形，卵泡膜有出血斑块，病程较长的呈紫葡萄样。而鹅的大肠杆菌性生殖器官病，大卵泡破裂、变形，卵泡膜充血，但一般无出血斑块，无紫葡萄样卵泡膜，内脏器官也不出血，而以腹膜炎为特征；如将病料接种于麦康凯琼脂培养基，鹅流感为阴性，但接种鸡胚能引起死亡，绒尿液具有血凝性，并能被特异抗血清所抑制。

4. 鹅大肠杆菌病与鹅链球菌病的鉴别

[**相似点**] 鹅大肠杆菌病与鹅链球菌病均有精神委顿，羽毛松乱，减食或废食，下痢、粪便稀薄，神经症状等临床表现并有心包、腹腔有纤维素，肝肿大等剖检病变。

［**不同点**］鹅链球菌病是由链球菌引起的，病鹅表现缩颈怕冷（体温升高），濒死鸭出现痉挛或角弓反张等症状；皮下及全身浆膜、肌肉水肿出血；心包及腹腔内有浆液性出血性或浆液纤维素性渗出物，心外膜有出血，肝肿大、淡黄色，脂肪变性，并见有坏死灶；肠壁肥厚，时而见有出血性肠炎；输卵管发炎；病料染色镜检，可见革兰阳性的单个或短链球菌；大肠杆菌病剖检可见纤维素性心包炎、纤维素性腹膜炎、纤维素性渗出物充斥于腹腔肠道和脏器间。

5. 鹅大肠杆菌病与鹅结核病的鉴别

［**相似点**］鹅大肠杆菌病与鹅结核病均有精神委顿，羽毛松乱，不愿活动，减食或废食，腹泻，产蛋下降，有关节炎等临床症状。并均有肝、脾有结节块（肉芽肿）等剖检病变。

［**不同点**］鹅结核病由结核分枝杆菌引起，表现为病鹅渐进性消瘦，胸骨突出如刀，翅下垂。剖检可见肝、脾、肠道、气囊、肠系膜等均有结核结节（粟粒大、豆大、鸽蛋大），切开干酪样物，涂片后用萋-尼氏染色法染色，镜检显红色结核分技杆菌；大肠杆菌病剖检可见纤维素性心包炎、纤维素性腹膜炎、纤维素性渗出物充斥于腹腔肠道和脏器间。

6. 鹅大肠杆菌病与绦虫病的鉴别

［**相似点**］鹅大肠杆菌病与绦虫（冠状膜壳绦虫、矛形剑带绦虫、缩短膜壳绦虫、巨头膜壳绦虫）病均有传染性，精神沉郁，食减或废绝，粪便稀薄恶臭（时有血便），有神经症状等临床表现以及肠道出血等病理变化。

［**不同点**］绦虫病的病原为绦虫；肠内有绦虫，一般10几条，最多的可达30多条，长3～4厘米；粪检有虫卵或孕节片卵袋；剖检可在小肠见虫体；大肠杆菌病病原是大肠杆菌，肠道内检测不到虫体。

【防制】

1. 预防措施

（1）加强管理　降低饲养密度，注意控制温湿度和通风，减少空气中细菌污染，禽舍和用具经常清洗消毒，种鸭场应加强种蛋收集、存放和整个孵化过程的卫生消毒管理，搞好常见多发病的预防工作，减少各种应激因素，避免诱发大肠杆菌病的发生与流行。

（2）药物预防　大肠杆菌对多种抗生素如卡那霉素、新霉素、磺胺类等药物都敏感，但大肠杆菌极易产生耐药性。药物预防对雏禽具有一定意义，一般可在雏禽出壳后开食时，在饮水中投0.03％～0.04％庆大霉素等。可选择敏感药物在发病日龄前1～2天进行预防性投药。

（3）免疫接种　在本病流行的地区，可采用鹅蛋子瘟氢氧化铝灭活菌苗预防接种，在开产前1个月，每只成年公鹅和母鹅每次胸肌注射1毫升，每年1次。

2. 发病后措施

早期投药可控制早期感染的病鹅，促使痊愈，同时可防止新发病例的出现。但在大肠杆菌病发病后期，若出现了气囊炎、肝周炎、卵黄性腹膜炎等较为严重的病理变化时，使用抗生素疗效往往不显著甚至没有效果。大肠杆菌的耐药性非常强，因此，应根据药敏试验结果，选用敏感药物进行预防和治疗。

处方 1：氨苄青霉素（氨苄西林）按 0.2 克/升饮水或按 5～10 毫克/千克拌料内服，每日 1 次，连用 3 天。

处方 2：丁胺卡那霉素（或氟苯尼考），每 100 千克水 8～10 克，混饮 4～5 天。

处方 3：强力霉素，10～20 毫克/千克体重，内服，每日 1 次，连用 3～5 天。

处方 4：复方新诺明，30～50 毫克/千克体重，内服，每日 2 次，连用 3～5 天。

处方 5：硫酸庆大霉素（或硫酸卡那霉素）3～5 毫升/千克体重，肌内注射，每日 2 次，连用 3～5 天。

处方 6：10%磺胺嘧啶钠注射液 1～2 毫升/千克体重，肌内注射，每日 2 次，连用 3～5 天。或磺胺嘧啶（SD）0.2%拌饲（0.1%～0.2%饮水），连用 3 天。

处方 7：甲砜霉素按 0.01%～0.02%拌饲（或红霉素 50～100 克/吨拌饲，或泰乐菌素 0.2%～0.5%拌饲，或泰妙菌素 125～250 克/吨饲料），连用 3～5 天。

八、禽出血性败血病

禽出血性败血症（禽巴氏杆菌病或禽霍乱）是由多杀性巴氏杆菌引起鸡、鸭、鹅等家禽发生的有高度发病率和死亡率的一种急性败血性传染病。病理特征为全身浆膜和黏膜有广泛的出血斑点，肝脏有大量坏死病灶。慢性型主要表现为关节炎。

【病原】本病的病原为多杀性巴氏杆菌。本菌分为A、B、D 和 E 四种荚膜血清型，对家禽致病的主要是 A 型（禽型），D 型少见。菌体呈卵圆形或短杆状，单个、成对排列，偶尔也排列成链状。本菌长 0.6～2.5 微米，

宽0.25～0.4微米。革兰染色为阴性小杆菌，不形成芽孢，无鞭毛，不能运动，用美兰、瑞氏或姬姆萨氏染色菌体两端着色深，呈明显的两极染色，在显微镜下比较容易识别。在急性病例，很容易从病禽的血液、肝、脾等器官中分离到病原菌。新分离的菌株具有荚膜，但经过人工培养基继代后很快消失。

本菌对青霉素、链霉素、土霉素、氟哌酸、氯霉素及磺胺类药物等都具有敏感性；本菌对一般消毒药的抵抗力不强，如5%石灰乳、1%～2%漂白粉水溶液或3%～5%煤酚皂溶液在数分钟内很快杀灭。病菌在干燥空气中2～3天死亡，在血液、分泌物及排泄物中能生存6～10天；在死鹅体内，可生存1～3月之久；高温下立即死亡。

【流行病学】鹅、鸭、鸡最为易感，而且多呈急性经过，鹅群发病多呈流行性，病鹅和带菌鹅以及其他病禽是本病的传染源。病鹅的排泄物和分泌物中，带有大量病菌，污染了饲料、饮水、用具和场地等会导致健康鹅染病。饲养管理不良、长途运输、天气突变和阴雨潮湿等因素都能促进本病的发生和流行。

【临床症状】潜伏期2小时至5天。按病程长短一般可分为最急性、急性和慢性3型。最急性型常见于本病爆发的最初阶段，无明显症状，常在吃食时或吃食后突然倒地，迅速死亡；有时见母鹅死在产蛋窝内；有的晚间一切正常，吃得很饱，次日口鼻中流出白色黏液，并常有下痢，排出黄色、灰白色或淡绿色的稀粪，有时混有血丝或血块，味恶臭，发病1～3天死亡。喙和蹼发紫，翻开眼结膜有出血斑点。慢性型多发生在本病的流

行后期，病鹅日趋消瘦、贫血，腿关节肿胀和化脓、跛行，最后消瘦衰竭而死。少数病鹅即使康复，也生长迟缓。

【病理变化】最急性型病变不明显。急性型，皮肤（尤其是腹部）出现紫绀；心外膜和心冠脂肪有出血点；肝肿大、质脆，表面有灰白色针尖大小的坏死点等特征性病变；胆囊多数肿大；十二指肠和大肠黏膜充血和出血最严重，并有卡他性炎症；肺充血和出血。慢性型常见鼻腔和鼻窦内有多量黏性分泌物，关节肿大变形，个别可见卵巢充血。

【实验室检查】涂片染色镜检和细菌分离培养及鉴定。

【鉴别诊断】

1. 禽出血性败血病与小鹅瘟的鉴别

［**相似点**］禽出血性败血病与小鹅瘟均有传染，嗜睡，少食或废食，饮水多，鼻流黏液，拉稀，喙蹼发紫，腿无力，不愿走动。剖检可见肠有出血。

［**不同点**］小鹅瘟的病原为小鹅瘟病毒，急性常发生于1～2周龄，亚急性发生于2月龄以上，粪稀黄白或黄绿，内含气泡、纤维素和未消化食物，张口呼吸，口鼻有褐绿或棕绿色液体流出；剖检可见食道有污绿液，肌胃角质膜黏腻易剥，小肠中下段有一膨大部、触之坚实、切开为灰白栓子，外层为纤维素物质、中心呈深褐色且干燥，无栓子肠段有棕黄或棕褐色黏稠液，结肠黏膜红肿、有棕黄或棕褐黏液黏附。肝、脾、肾紫红或暗红质脆。用已知抗小鹅瘟血清注射易感雏鹅，然后注射待检病毒有保护作用。

2. 禽出血性败血病与鹅鸭瘟病毒病的鉴别

[**相似点**] 禽出血性败血病与鹅鸭瘟病毒病均有传染，精神萎靡，食欲废绝，饮水多，鼻流黏液，拉稀，呼吸困难，喙蹼发紫，腿无力，不愿走动，腹泻等临床表现和肠道出血等病理变化。

[**不同点**] 鹅的鸭瘟病毒病（鹅病毒性溃疡性肠炎），是由鸭瘟病毒引起的鹅的一种传染病，严重危害雏鹅；特征性症状是眼睑水肿、流泪，眼周围羽毛湿润；结膜充血、出血，头颈肿大，呼吸困难，常仰头、咳嗽，排黄绿、灰绿或黄白色稀便，粪中带血；肛门水肿，泄殖腔黏膜充血、肿胀，严重者泄殖腔外翻。禽出血性败血病严重下痢，粪便呈灰黄色或污绿色。严重时呼吸困难，张嘴伸脖，最后因麻痹虚脱而死亡。鹅鸭瘟病毒病除有一般的出血性素质外，特征性病变是肝脏的坏死灶大小不一、边缘不整齐、中间有红色出血点或周围有出血环，食管和泄殖腔黏膜有坏死和溃疡。而禽出血性败血病典型病变在肝脏表面有灰白色或灰黄色针尖大的坏死点，心冠状脂肪有出血点。

3. 禽出血性败血病与禽副伤寒的鉴别

[**相似点**] 禽出血性败血病与禽副伤寒均有传染，呈急性败血性，精神沉郁，食欲废绝、口渴、下痢、呼吸困难等临床表现和肝脾肿大的病理变化。

[**不同点**] 鹅副伤寒（沙门菌病）是由沙门菌属的细菌引起鹅的一种急性或慢性传染病，它可引起小鹅大批死亡，成年鹅成为带菌者；患鹅初粪便呈稀粥样，后变为水样，肛门周围有粪便污染，干涸后常阻塞肛门，导

致排粪困难；最后病雏鹅出现神经症状，步态不稳，痉挛抽搐，突然倒地，头向后仰，或间歇性痉挛，持续数分钟后死亡，故也称“猝倒病”。而禽出血性败血病严重下痢，粪便呈灰黄色或污绿色。患禽副伤寒病死亡的小鹅肝脏也常有边缘不整齐的坏死灶，呈灰黄白色，多见于肝被膜下，肝脏稍肿，肝表面色泽不匀，呈红色或古铜色，脾脏也有明显肿大，有针头大坏死点，呈斑驳花纹状；最特征性的病变是盲肠肿大1～2倍，呈斑驳状，肠内有干酪样团块物质。而禽出血性败血病典型病变在肝脏表面有灰白色或灰黄色针尖大的坏死点，心冠状脂肪有出血点。

4. 禽出血性败血病与大肠杆菌病（急性败血型）的鉴别

［**相似点**］禽出血性败血病与大肠杆菌病均有传染，精神不振，食欲减退或废绝，饮水增加、腹泻和呼吸困难等临床表现和肝脏坏死灶等病变。

［**不同点**］鹅大肠杆菌病是由致病性大肠杆菌引起的一种急性传染病，各种年龄的鹅都可发生，但以7～45日龄的鹅较易感；病鹅怕冷，常挤成一堆，不断尖叫；粪便稀薄而恶臭，混有血丝、血块和气泡，肛周沾满粪便，食欲废绝，渴欲增加，呼吸困难。禽出血性败血病严重下痢，粪便呈灰黄色或污绿色，严重时呼吸困难，张嘴伸脖，最后因麻痹虚脱而死亡。大肠杆菌病的病死鹅主要病变在心包膜、心外膜、肝和气囊表面有纤维素性渗出物，呈淡黄绿色，凝乳样或网状，厚度不等，肝肿大，质脆，表面有针头大小、边缘不整齐的灰白色坏死灶。而巴氏杆菌病的心外膜和心冠脂肪有出血点，肝

肿大、质脆，表面有灰白色针尖大小的坏死点等。

5. 禽出血性败血病与鹅球虫病的鉴别

［**相似点**］禽出血性败血病与鹅球虫病均有传染性，委顿，闭目打盹，减食或废食，拉白稀粪，离群以及肠道出血等病理变化。

［**不同点**］鹅球虫病的病原为鹅球虫，有时嗉囊充满液体，稀粪先糊状后水样，严重时呈鲜红血粪，后期排腊肠样粪，表面呈灰、灰白或灰黄色；剖检可见球虫寄生部位黏膜脱落，形成坚硬白色肠芯；肠道组织或回肠切片验查，可见大量球虫裂殖体和卵囊。禽出血性败血病心外膜和心冠脂肪有出血点，肝肿大、质脆，表面有灰白色针尖大小的坏死点等特征性病变。

【防制】

1. 预防措施

（1）加强禽群饲养管理　平时严格执行禽场兽医卫生防疫措施是防治本病的关键措施。因为本病的发生经常是由于一些不良的外界因素刺激降低禽体的抵抗力而引起的，如禽群拥挤、圈舍潮湿、营养缺乏、寄生虫感染或其他应激因素都是本病的诱因。所以必须加强饲养管理，以栋舍为单位采取全进全出的饲养制度，并注意严格执行隔离卫生和消毒制度，从无病禽场引种，预防本病的发生是完全有可能的。

（2）药物预防　定期在饲料中加入抗菌药。在饲料中添加0.004%的喹乙醇或杆菌肽锌，具有较好的预防作用。

（3）免疫接种　一般从未发生本病的鹅场不进行疫

苗接种。对常发地区或鹅场，药物治疗效果日渐降低，本病很难得到有效的控制，可考虑应用疫苗进行预防，但疫苗免疫期短，防治效果不十分理想。在有条件的地方可在本场分离细菌，经鉴定合格后，制作自家灭活苗，定期对鸡群进行注射，经实践证明通过1～2年的免疫，本病可得到有效控制。现国内有较好的霍乱蜂胶灭活疫苗，安全可靠，可在0℃下保存2年，易于注射，不影响产蛋，无副作用，可有效防制该病。

2. 发病后措施

一旦发病，应及早隔离治疗，加强环境卫生，严格执行卫生消毒制度。周边环境用2%的氢氧化钠溶液消毒，被污染的器具也必须按照要求严格消毒，并进行药物治疗。病死鹅必须进行无害化处理后深埋。

处方1：磺胺二甲基嘧啶+20%钠盐注射液肌注，0.5毫克/千克，2次/天，连用5天；喹乙醇粉剂以0.0035%的用量拌料，3次/天，连用3天。

处方2：皮下注射抗禽霍乱高免血清，每只2～10毫升，连用2天，早期见效快。

处方3：盐酸土霉素，50～100毫克/千克体重，内服，每日2次，连用1周。大群治疗时可按0.05%～0.1%的比例拌入饲料中喂禽，连用1周。或喹乙醇，20～30毫克/千克体重，内服，每日1次，连用3～4天（或按30克/吨饲料的比例喂给）。

处方4：硫酸链霉素，5万～10万国际单位，肌内注射，每日2～3次，连用3～4天。

处方5：复方新诺明100毫克/千克体重，内服，每日2次。或按0.4%的比例拌入饲料中喂给，连用3～5天。或磺胺二甲基嘧啶，按0.5%～1%的比例配入饲料中，连用3～4天。

或增效磺胺嘧啶，每只0.5克，内服，每日1次。

处方6：0.5%痢菌净1毫升，肌内注射，每日1～2次，连用1～2天。

处方7：特效霍乱灵散，每100千克饲料1千克，连续给药3～5天。预防量减半。

处方8：穿心莲（干品）90%、鸡内金（干品）8%、甘草（干品）2%，共烤干，粉碎成末，装瓶备用。小鹅每只每次1～2克，成鹅每只每次2～3克，直接灌服或拌入饲料中喂食，每日2次，连用2～3天。

九、禽副伤寒

禽副伤寒是由除鸡白痢和鸡伤寒沙门菌以外的其他沙门菌引起鹅的一种急性或慢性传染病。主要发生在幼禽并引起大批死亡，成年家禽往往是慢性或隐性感染，成为带菌者。这一类细菌危害甚大，常引起人类食物中毒。本病在世界分布广泛，几乎所有的国家都有本病存在。

【病原】病原是沙门菌属的细菌，种类很多，目前从禽体和蛋品中分离到的沙门菌已达130多种。沙门菌为革兰阴性小杆菌，菌体长为1～3微米，宽为0.4～0.6微米。具有鞭毛（鸡白痢和鸡伤寒沙门菌除外），无芽孢，能运动。为兼性厌氧菌，能在多种培养基上生长。引起禽副伤寒的沙门菌常见的有6～7种，最主要的是鼠伤寒沙门菌（约占50%），其他如肠炎沙门菌、鸭沙门菌、汤卜逊沙门菌等，均有较多的报道。病原菌的种类常因地区和家禽种类的不同而有差别。

沙门菌的抵抗力不是很强，对热和多数常用消毒剂

都很敏感，一般的消毒药能很快杀灭，在60℃10分钟即行死亡。而病原菌在土壤、粪便和水中生存时间较长，土壤中的鼠伤寒沙门菌至少可以生存280天，鸭粪中的沙门菌能够存活28周，池塘中的鼠伤寒沙门菌能存活19天，在饮用水中也能生存数周至3个月之久。

【流行病学】本病的发生常为散发性或地方性流行，不同种类的家禽（鹅、鸡、鸭、鸽、鹤）和野禽（野鸡、野鸭等）及哺乳动物均可发生感染，并能互相传染，也可以传染给人类，禽副伤寒是一种重要的人畜共患病。幼龄鹅对副伤寒非常易感，尤以3周龄以下易发生败血症而死亡，成年鹅感染后多成为带菌者。鼠类和苍蝇等也是携带本菌的传播者。临床发病的鹅和带菌鹅以及污染本菌的畜禽副产品是本病的主要传染来源。禽副伤寒既可通过消化道等途径水平传播，也可通过卵而垂直传播。

【临床症状】本病的发病率和死亡率决定于雏鹅群感染的程度和饲养环境。雏鹅感染副伤寒大多由带菌种蛋引起。2周龄以内雏鹅感染后，常呈败血症经过，往往不显任何症状突然死亡。多数病例表现嗜睡、呆钝、畏寒、垂头闭眼、两翅下垂、羽毛松乱、颤抖、厌食、饮水增加、眼和鼻腔流出清水样分泌物、泻痢、肛门常有稀粪粘糊、体质衰弱、动作迟钝不协调、步态不稳、共济失调、角弓反张，最后抽搐死亡。少数慢性病例可能出现呼吸道症状，表现呼吸困难、张口呼吸。亦有病例出现关节肿胀。

3周龄以上的鹅很少出现急性病例，常成为慢性带菌者，如继发其他疾病，可使病情加重，加速死亡。成年鹅一般无临床体征或间有大便拉稀，往往成为带菌者。

【病理变化】 初生幼雏的主要病变是卵黄吸收不良和脐炎，俗称“大肚脐”，卵黄黏稠，色深，肝脏轻度肿大。日龄稍大的雏禽常见肝脏肿大，呈古铜色，表面有散在的灰白色坏死点。有的病例气囊混浊，常附有淡黄色纤维素的团块，亦有表现心包炎、心肌有坏死结节的病例。脾脏肿大、色暗淡，呈斑驳状，肾脏色淡，肾小管内有尿酸盐沉着，输尿管稍扩展，管内亦有尿酸盐，最特征的病变是盲肠肿胀，呈斑驳状。盲肠内有干酪样物质形成的柱子，肠道黏膜轻度出血，部分节段出现变性或坏死。少数病例腿部关节炎性肿胀。

【实验室检查】 取发病禽心血、肝、脾、肺和十二指肠为病料进行接种培养。首先用营养肉汤做增菌培养，可加入亚硒酸盐、0.05%磺胺噻唑钠抑制其他杂菌生长，培养8～20小时后，再接种固体培养基培养24小时观察结果。若发现革兰阴性菌，无芽孢，无荚膜，能运动的小杆菌，便可确诊。

【鉴别诊断】

1. 禽副伤寒与禽流感的鉴别

[**相似点**] 禽副伤寒与禽流感均有呼吸困难、流鼻液的临床症状。

[**不同点**] 禽流感是由A型流感病毒引起的，多发于冬春季，发病急、传染快、死亡率高，肿头流泪，脚胫皮肤出血，拉黄绿色带黏液或血液的水样稀粪，后期有明显的神经症状；口腔等消化道黏膜出血坏死，心肌条纹状灰白色坏死，胰脏有圆点状变性坏死。禽副伤寒

多发于夏秋季，传播快，病程短，死亡率高，病禽垂头缩颈（但头无肿大），拉青绿色稀粪，部分病例后期流泪，关节肿胀、颤抖、运步失调等；心包积液，肺水肿、表面有结节；经血涂片染色镜检可见革兰阴性细长杆菌。

2. 禽副伤寒与鹅副黏病毒病的鉴别

［**相似点**］禽副伤寒与鹅副黏病毒病均有呼吸困难、流鼻液和腹泻的临床症状。

［**不同点**］鹅副黏病毒病是由鹅副黏病毒科副黏病毒属的鹅副黏病毒引起的，一年四季均可流行，无明显季节性，病程 3～5 天后消瘦死亡，口鼻流黏液，患病鹅站立不稳，出现神经症状，如头颈扭转，倒地后脚蹼痉挛，拉白色或灰绿色稀粪，部分病例可能头部肿大，心冠脂肪有出血点，肠道黏膜有出血或溃疡。禽副伤寒多发于夏秋季，传播快，病程短，死亡率高，病禽垂头缩颈，拉青绿色稀粪，部分病例后期流泪，关节肿胀、颤抖、运步失调等；心包积液，肺水肿、表面有结节；经血涂片染色镜检可见革兰阴性细长杆菌。

3. 禽副伤寒与鹅出血性败血症（巴氏杆菌病）的鉴别

［**相似点**］禽副伤寒与鹅出血性败血症均有呼吸困难、流鼻液和腹泻的临床症状。

［**不同点**］鹅出血性败血症是由多杀性巴氏杆菌引起的有高度发病率和死亡率的一种急性败血性传染病；多发于春末夏秋季节，病禽口鼻因有大量黏液常常甩头，而俗称“摇头瘟”，拉白色或绿色混有血液的稀粪，肝脏有大量坏死病灶；慢性病例可见头部肿大，关节肿胀跛行，但无神经症状，心包积液，心冠脂肪有出血点；经

血涂片染色镜检可见革兰阴性小杆菌。禽副伤寒多发于夏秋季，传播快，病程短，死亡率高，病禽垂头缩颈，拉青绿色稀粪，部分病例后期流泪，关节肿胀、颤抖、运步失调等；心包积液，肺水肿、表面有结节；经血涂片染色镜检可见革兰阴性细长杆菌。

4. 禽副伤寒与小鹅瘟的鉴别

［**相似点**］禽副伤寒与小鹅瘟均有传染、精神沉郁、食欲减退、呼吸困难、流鼻液和腹泻等临床症状。

［**不同点**］小鹅瘟是由小鹅瘟病毒引起的雏鹅急性败血性传染病，高发于冬末春初，只感染30日龄内的雏鹅，传播迅速，发病率和死亡率高，病禽闭眼呆立，鼻流浆液，拉灰白色或绿色水样混有气泡或纤维状碎片的稀粪，心脏变圆，心包炎，小肠中后段形成栓塞如腊肠状。禽副伤寒多发于夏秋季，传播快，病程短，死亡率高，病禽垂头缩颈，拉青绿色稀粪，部分病例后期流泪，关节肿胀、颤抖、运步失调等；心包积液，肺水肿、表面有结节；经血涂片染色镜检可见革兰阴性细长杆菌。

5. 禽副伤寒与鹅鸭瘟病毒病的鉴别

［**相似点**］禽副伤寒与鹅鸭瘟病毒病均有传染、呼吸困难、流鼻液的临床症状。

［**不同点**］鹅鸭瘟病毒病是由鸭瘟病毒引起的，多发于春秋季，欲称“大头瘟”，头颈肿大，眼结膜充出血，怕光、流泪，口鼻流黏液，两脚麻痹，伏地不起，拉灰白或黄绿色稀粪，无神经症状。心内外膜有出血点，口腔、食道和泄殖腔有灰黄色假膜，剥离后有出血点。禽副伤寒多发于夏秋季，病禽垂头缩颈，拉青绿色稀粪，

部分病例后期流泪，关节肿胀、颤抖、运步失调等；心包积液，肺水肿、表面有结节；经血涂片染色镜检可见革兰阴性细长杆菌。

6. 禽副伤寒与大肠杆菌病的鉴别

［**相似点**］禽副伤寒与大肠杆菌病均有传染、呼吸困难、流鼻液的临床症状。

［**不同点**］大肠杆菌病是由大肠杆菌引起的，病禽消瘦、软脚、瘫痪、拉带恶臭稀粪，部分病例有眼结膜炎，流泪，但无神经症状。纤维素性心包炎、气囊炎、肝周炎和腹膜炎，卡他性或出血性肠炎。禽副伤寒多发于夏秋季，病禽垂头缩颈，拉青绿色稀粪，部分病例后期流泪，关节肿胀、颤抖、运步失调等；心包积液，肺水肿、表面有结节。大肠杆菌病经血涂片染色镜检可见革兰阴性杆菌，禽副伤寒可见革兰阴性细长杆菌。

7. 禽副伤寒与鹅链球菌病的鉴别

［**相似点**］禽副伤寒与鹅链球菌病均有传染，精神沉郁，食欲减少或废绝，羽毛松乱，嗜睡，共济失调，泻痢以及肝脾肿大，心包炎等病理变化。

［**不同点**］鹅链球菌病是由于鹅感染链球菌引起的一类急性败血症型传染病，各种日龄的鹅均可感染发病，但主要是雏鹅，拉稀，粪便呈绿色、灰白色。而禽副伤寒，幼龄鹅非常易感，眼和鼻腔流出清水样分泌物、泻痢、肛门常有稀粪粘糊，少数慢性病例可能出现呼吸道症状，表现呼吸困难、张口呼吸。鹅链球菌病肝、脾表面可见局灶性密集的小出血点或出血斑，心包腔内有淡黄色液体即心包炎，心冠脂肪、心内膜和心外膜有小出

血点。而禽副伤寒特征的病变是盲肠肿胀，呈斑驳状，盲肠内有干酪样物质形成的柱子，肠道黏膜轻度出血，部分节段出现变性或坏死

【防制】

1. 预防措施

加强鹅群的环境卫生和消毒工作，地面的粪便要经常清除，防止沾污饲料和饮水。雏禽和成年禽分开饲养，防止直接或间接的接触。种蛋外壳切勿沾污粪便，孵化前应进行必要的消毒；使用药物预防（见治疗部分）。

2. 发病后措施

首先淘汰鹅群中病情特别严重且腹部膨大者，集中深埋。彻底清除鹅舍内粪便、垫草，并用0.5%敌菌净消毒。料槽、饮水器及其他用具用2%氢氧化钠溶液刷洗，再用清水冲洗后使用。使用药物治疗。

处方1：0.5%磺胺嘧啶或磺胺甲基嘧啶，饲料中添加，连续喂饲4～5天。或饮水中加入0.1%～0.2%，供病禽取食或自行饮服。或磺胺嘧啶，饲料中加入0.4%～0.5%（或饮水中加入0.1%～0.2%），供病禽取食或自行饮服。或磺胺-6-甲氧嘧啶，0.05～0.2克/只，连用14天。

处方2：硫酸卡那霉素，10～30毫克/千克体重，肌内注射或内服。或四环素2万～5万国际单位/千克体重，口服或肌内注射，每日2次。

处方3：氟苯尼考（或丁胺卡那霉素）按100千克水8～10克混水，连用5～7天。或强力霉素按100毫克/千克饲料拌料饲喂5～7天。

处方4：左旋氧氟沙星可溶性粉，剂量为100千克水中添

加 4 克原粉，连续饲喂 5～7 天。

处方 5：氟哌酸或强力霉素按每千克饲料加 100 毫克拌料饲喂。严重的可结合注射庆大霉素，20 日龄的雏鹅每只肌注 3000～5000 国际单位，连续 3～5 天。

处方 6：在雏鹅饲料中按 0.08%～0.19%的浓度添加土霉素，连喂 5～7 天；用环丙沙星或氟哌酸按 0.05%～0.19%的浓度添加于饮水中，连用 7～10 天。

处方 7：发病鹅使用氨苄西林钠注射液，按 20 毫克/升体重肌注，3 次/天，连用 3 天，再用卡那霉素，按 120 毫克/升的剂量饮水，连饮 3 天。未发病的鹅用卡那霉素，按 30 毫克/升的剂量饮水，连饮 3 天，以预防发病。

十、小鹅流行性感冒

鹅流行性感冒是由鹅流行性感冒志贺杆菌引起的发生在大群饲养场中的一种急性、败血性传染病。由于本病常发生在半月龄后的雏鹅，所以也称小鹅流行性感冒（简称小鹅流感）。雏鹅的死亡率一般为 50%～60%，有时高达 90%～100%。

【病原】鹅流行性感冒志贺杆菌，只对鹅尤其是对雏鹅的致病力最强，对鸡、鸭都不致病。

【流行病学】春秋两季常发，可能是由于病原菌污染了饲料和饮水而引起发病。

【临床症状】初期，可见病鹅鼻腔不断流清涕，有时还有眼泪，呼吸急促，并时有鼾声，甚至张口呼吸。由于分泌物对鼻孔的刺激和机械性阻塞，为尽力排出鼻腔黏液，常强力摇头，头向后弯，把鼻腔黏液甩出去。因此在病鹅身躯前部羽毛上粘有鼻黏液。整个鹅群都沾有鼻黏液，因而体毛潮湿。鹅发病后即缩颈闭目，体温升高，食欲逐渐减少，后期头脚发抖，两脚不能站立。死前出现下痢，病程2～4天。

【病理变化】鼻腔有黏液，气管、肺气囊都有纤维素性渗出物。脾肿大突出，表面有粟粒状灰白色斑点。有些病例出现浆液性纤维素性心包炎，心内膜及心外膜出血，肝有脂肪性病变。

【实验室检查】涂片镜检、细菌分离培养、生化试验。

【鉴别诊断】

1. 小鹅流行性感冒与鹅巴氏杆菌病的鉴别

［**相似点**］小鹅流行性感冒与鹅巴氏杆菌病均有传染、呼吸困难、流鼻液等临床症状。

［**不同点**］鹅巴氏杆菌病多发于春末夏秋季节，大鹅多发；病禽口鼻因有大量黏液常常甩头，而俗称“摇头瘟”，拉白色或绿色混有血液的稀粪，慢性病例可见头部肿大，关节肿胀跛行，但无神经症状，心包积液，心冠脂肪有出血点，肝脏有针尖状的坏死灶，经血涂片染色镜检可见革兰阴性小杆菌。小鹅流行性感冒主要侵害15日龄以后的雏鹅，主要表现呼吸道急性卡他性症状，重病的下痢，腿脚麻痹，不能站立，只能蹲在伏地上；呼吸器官表面可见到明显的纤维性增生物，脾脏肿大，表面有粟粒状灰白色斑点，心内膜及外膜充血、出血，肝脏有脂肪样病变。细菌学检查，巴氏杆菌病可以检出两极浓染的杆菌，小鹅流行性感冒检出类似于球状的短杆菌。

2. 小鹅流行性感冒与鹅鸭瘟病毒病的鉴别

［**相似点**］小鹅流行性感冒与鹅鸭瘟病毒病均有雏鹅发生、精神沉郁、食欲减退和呼吸困难、流鼻液等临床表现和心脏病变。

［**不同点**］鹅鸭瘟病毒病是由鸭疱疹病毒Ⅰ型引起鸭、鹅等水禽的一种急性、热性、败血性传染病，发生于15～50日龄的雏鹅，死亡率达80％左右，也可发生于产蛋母鹅，发病率和死亡率也较高。小鹅流行性感冒主要侵害15日龄以后的雏鹅，流行范围相对较小，发病率与死亡率一般在30％～50％。鹅鸭瘟病毒病特征病状是头、颈部肿大，眼睑水肿，流泪，眼周围羽毛湿润，眼结膜充血、出血；呼吸困难，排黄绿、灰绿或黄白色稀便，粪中带血，常污染肛门周围羽毛，严重者肛门水肿，泄殖腔外翻。而小鹅流行性感冒主要表现呼吸道急性卡他性症状，重病的下痢，腿脚麻痹，不能站立，只能蹲在伏地上。鹅鸭瘟病毒病病变为全身浆膜、黏膜、皮肤有出血斑块，眼睑肿胀、充血、出血并有坏死灶；在舌根、咽部和上腭及食管黏膜上有灰黄色假膜或出血斑，腺胃与肌胃交界处或肌胃与十二指肠交界处有出血带，肌胃角质膜下有充血、出血，有时可见溃疡，肠系膜有出血点或斑，整个肠黏膜呈弥漫性出血，尤以十二指肠和小肠呈严重的弥漫性充血、出血或急性卡他性炎症；心肝肾等实质器官表面有小点状瘀血或出血。而小鹅流行性感冒呼吸器官表面可见到明显的纤维性增生物，脾脏肿大，表面有粟粒状灰白色斑点，心内膜及外膜充血、出血，肝脏有脂肪样病变。

3. 鹅流行性感冒与小鹅瘟的鉴别

[**相似点**] 鹅流行性感冒与小鹅瘟均为鹅的传染病，发病急，死亡快，死亡率高。

[**不同点**] 小鹅瘟的病原体是小鹅瘟病毒，在禽类中只有鹅易感，是发生于雏鹅的一种急性、病毒性传染病，7～10日龄小鹅最易感染，死亡率达90%～100%，超过10日龄雏鹅发病较少，30日龄以上雏鹅一般不发病，一年四季都可发生，每隔3～5年周期性地流行一次，具有较高的传染性，流行面广；病鹅严重下痢，拉灰白色或淡黄绿色米汤样稀便，并混有气泡，呼吸时，从鼻孔流出浆液性分泌物，缩头屈颈，抽搐痉挛，肢体麻痹瘫痪等。小鹅瘟死后可见病变主要是在消化道，小肠呈弥漫性、急性卡他性炎症或纤维素性坏死性炎症，肠黏膜大量坏死脱落（肠道形成纤维素坏死性肠炎和脱落形成特殊的栓子，细菌学检查看不到病原体）。鹅流行性感冒是败血志贺杆菌，用普通显微镜就可以看到，多为成对排列，常似双球菌。鹅流感每年春、秋两季发病，呈地方性流行，流行初期是侵害1个月左右的小鹅，发病后期成鹅也感染发病，成鹅死亡率很低，以呼吸困难为主要表现症状，常发鼻鼾声，鼻孔内常出浆液性分泌物，病鹅常将头弯向后侧。鹅流感主要病变在呼吸道、鼻腔、喉头、气管内有大量半透明状浆液或黏液性分泌物，肺充血，肝、脾、肾血肿大，脾表面有坏死点，心内、外膜出血，呈纤维素性心包炎。

4. 鹅流行性感冒与雏鹅新型病毒性肠炎的鉴别

[**相似点**] 鹅流行性感冒与雏鹅新型病毒性肠炎均有

传染，呼吸困难，食欲减少，腿脚麻痹和下痢等临床表现。

[**不同点**] 雏鹅新型病毒性肠炎的病原体是腺病毒，3～30日龄雏鹅均可发病，10～18日龄为发病高峰期，死亡率为25%～100%，30日龄以上几乎无死亡，多发生于春夏季节，秋冬较少发生。而小鹅流行性感冒主要侵害15日龄以后的雏鹅，流行范围相对较小，发病率与死亡率一般在30%～50%，成鹅感染时仅个别死亡。鹅新型病毒性肠炎病鹅精神沉郁、食欲减退，常啄食后又丢弃；排淡黄色或灰白色蛋清样稀便，常混有气泡恶臭，自鼻孔流出少量浆液样分泌物；喙端及边缘变暗，死前两腿麻痹不能站立；以喙触地昏睡或抽搐而死。而小鹅流行性感冒表现呼吸道急性卡他性症状，流鼻液，强力摇头，食欲减少；重病的下痢，腿脚麻痹，不能站立，只能蹲在伏地上。鹅新型病毒性肠炎病变主要在肠道，在肠道内出现凝固性栓子，外观似“香肠样”，直径较细，长度可达10厘米以上，多数为1段，少数出现2段的栓塞，无栓塞肠段黏膜严重出血。而小鹅流行性感冒呼吸器官表面可见到明显的纤维性增生物，脾脏肿大，表面有粟粒状灰白色斑点，心内膜及外膜充血、出血，肝脏有脂肪样病变。

5. 鹅流行性感冒与鹅副黏病毒病的鉴别

[**相似点**] 鹅流行性感冒与鹅副黏病毒病均有传染，精神不振，食欲减少，腹泻等临床表现和肝脾病变。

[**不同点**] 鹅副黏病毒病的病原体是鹅副黏病毒。主要发生在雏鹅上，日龄越小发病率和死亡率越高，尤其以15日龄以内的雏鹅发病和死亡率高达90%以上。而

小鹅流行性感冒的病原体是志贺杆菌，主要侵害15日龄以后的雏鹅，流行范围相对较小，发病率与死亡率一般在30%～50%，成鹅感染时仅个别死亡。鹅副黏病毒病后期出现扭颈，转圈仰头等神经症状，10日龄左右雏鹅常出现甩头现象。排白色、绿色、黄色、暗红色或墨绿色稀便或水样便。而小鹅流行性感冒呼吸道急性卡他性症状，流鼻液，呼吸困难，强力摇头；重病的下痢，腿脚麻痹，不能站立，只能蹲在伏地上。鹅副黏病毒病主要病变在消化道，食道黏膜特别是下端有散在芝麻粒大小的灰白色或淡黄色易剥离结痂，除去痂后有出血性溃疡面，肝肿大，瘀血质地较硬，脾、胰腺、心肌、肠黏膜等处有芝麻粒大小灰白色坏死灶。而小鹅流行性感冒呼吸器官表面可见到明显的纤维性增生物，脾脏肿大，表面有粟粒状灰白色斑点，心内膜及外膜充血、出血，肝脏有脂肪样病变。

【防制】

1. 预防措施

平时应加强对鹅群的饲养管理，饲养密度要适当，特别对1月龄以内的雏鹅，更要注意防寒保暖，保持鹅舍干燥和场地、垫草的清洁卫生。

2. 发病后措施

处方1：青霉素。每只雏鹅胸肌注2万～3万单位，每天2次，连用2～3天。

处方2：磺胺噻唑钠。每千克体重每次0.2克，8小时1次，连用3天，肌注、静注均可，或按0.2%～0.5%的比例拌于饲料中喂给。

或磺胺嘧啶。第一次口服 1/2 片（0.25 克），每隔 4 小时服 1/4 片。

十一、禽葡萄球菌病

禽葡萄球菌病是由金黄色葡萄球菌引起的一种急性或慢性传染病。临床上有多种病型：腱鞘炎、创伤感染、败血症，脐炎、心内膜炎等。

【病原】病原通常是金黄色葡萄球菌。为圆形或卵圆形，常单个、成对或葡萄状排列。在固体培养基上生长的细菌呈葡萄状，致病性菌株的菌体稍小，且各个菌体的排列和大小较为整齐。本菌易被碱性染料着色，革兰染色阳性。衰老、死亡或被中性的细胞吞噬的菌体为革兰阴性。无鞭毛，无荚膜，不产生芽孢。对营养要求不高，普通培养基上生长良好，培养基中含有血液、血清或葡萄糖时生长更好。最适生长温度为 37℃，最适 pH7.4。在普通琼脂平皿上形成湿润、表面光滑、隆起的圆形菌落，直径 1～2 毫米。菌落依菌株不同形成不同颜色，初呈灰白色，继而为金黄色、白色或柠檬色。葡萄球菌对理化因子的抵抗力较强。对干燥、热（50℃ 30 分钟）、9%氯化钠都有相当大的抵抗力。在干燥的脓汁或血液中可存活数月。反复冷冻 30 次仍能存活。加热 70℃ 21 小时、80℃ 30 分钟才能杀死，煮沸可迅速使它死亡。一般消毒药中，以石炭酸的消毒效果较好，3%～5%石炭酸 10～15 分钟、70%乙醇 10 分钟、0.1%升汞 10～15 分钟可杀死本菌，0.3%过氧乙酸有较好的消毒效果。

【流行病学】各种年龄的鹅均可感染，幼禽的长毛期最易感。是否感染，与体表或黏膜有无创伤、机体抵抗力的强弱及病原菌的污染程度有关。传染途径主要是经伤口感染，也可通过口腔和皮肤感染，也可污染种蛋，使胚胎感染。本病常呈散发式流行，一年四季均可发生，但以雨季、空气潮湿的季节多发。密度过大，环境不卫生，饲养管理不良等常成为发病的诱因。

【临床症状】败血型患病鹅精神委顿，嗉囊积食，食欲减退或不食，下痢，粪便呈灰绿色，鹅胸、翅、腿部皮下有出血斑点，足、翅关节发炎、肿胀，病鹅跛行。有时在胸部或龙骨上出现浆液性滑膜炎，一般病后 2～5 天死亡。关节炎型常见于胫、跗关节肿胀，热痛，跛行，卧地不起，有时胸部龙骨上发生浆液性滑膜炎，最后逐渐消瘦死亡；脐炎型为腹部膨大，脐部发炎，有臭味，流出黄灰色液体，为脐炎的常见病因之一。

【病理变化】败血症的病变可见全身肌肉、皮肤、黏膜、浆膜水肿、充血、出血；肾脏肿大，输尿管充满尿酸盐。关节内有浆液性或浆液纤维素性渗出物，时间稍长变成干酪样；龙骨部及翅下、四肢关节周围的皮下呈浆液性浸润或皮肤坏死，甚至化脓、破溃；实质器官不同程度的肿胀、充血；肠有卡他性炎症。关节炎型为关节肿胀，关节囊中有脓性、干酪样渗出物；关节软骨糜烂，易脱落，关节周围的纤维素性渗出物机化（注：坏死组织、血栓、脓液或异物等不能完全溶解吸收或分离排出，则由新生的肉芽组织吸收、取代的过程称为机化）；肌肉萎缩。脐炎型则见卵黄囊肿大，卵黄绿色或褐色；腹膜炎；脐口局部皮下胶样浸润。

【实验室检查】以无菌操作法取干酪样物、肝、脾组织接种于普通琼脂平板及血液琼脂平板，经37℃培养24小时。普通琼脂平板上形成圆形、湿润、稍隆起、光滑、边缘整齐、不透明的菌落，继续培养后菌落变成橙色；血液琼脂平板上形成白色、圆形、周围有溶血环的菌落。取上述菌落涂片染色镜检，见到典型的葡萄串状革兰阳性球菌。

【鉴别诊断】

1. 鹅葡萄球菌病和鹅大肠杆菌病的鉴别

［**相似点**］鹅葡萄球菌病和鹅大肠杆菌病均有关节肿胀、跛行、运动受限、采食减少的临床表现和关节内有渗出物。

［**不同点**］鹅大肠杆菌病（关节炎型）是由大肠杆菌引起的，表现为一侧或两侧跗关节或趾关节炎性肿胀，运动受限，关节内有纤维性或浑浊的关节液；鹅葡萄球菌病（关节炎型）常见于胫、跗关节肿胀，卧地不起，关节内有浆液性或浆液纤维素性渗出物，时间稍长变成干酪样。

2. 鹅葡萄球菌病和鹅巴氏杆菌病（慢性型）的鉴别

［**相似点**］鹅葡萄球菌病和鹅巴氏杆菌病（慢性型）均有关节肿胀、跛行和运动受限等临床表现以及关节内有渗出物。

［**不同点**］鹅巴氏杆菌病（慢性型）是由多杀性巴氏杆菌引起的，是由病毒弱的毒株和急性病例演变过来的。可见局部关节肿胀，关节囊增厚，内有暗红色、浑浊的黏稠液体，病久可见关节面粗糙，常附有黄色干酪样坏

死物；掌部肿如核桃大，切开可见干酪样坏死物。鹅葡萄球菌病（关节炎型）常见胫、跗关节肿胀，卧地不起，关节内有浆液性或浆液纤维素性渗出物，时间稍长变成干酪样。

3. 鹅葡萄球菌病和鹅链球菌病（败血型）的鉴别

［**相似点**］鹅葡萄球菌病和鹅链球菌病均有传染性，各种年龄的鹅都可发生，环境变化成为重要诱因，表现精神沉郁、食欲减退或废绝、拉稀等临床症状以及实质器官出血、肝脾肿大、肠道卡他性炎症等病变。

［**不同点**］鹅链球菌病是由于鹅感染链球菌引起的一类急性败血症型传染病，强行驱赶时步态蹒跚，共济失调，拉稀，粪便呈绿色、灰白色。而鹅葡萄球菌病粪便呈灰绿色，鹅胸、翅、腿部皮下有出血斑点，足、翅关节发炎、肿胀，病鹅跛行。鹅链球菌病肝、脾表面可见局灶性密集的小出血点或出血斑，心包腔内有淡黄色液体即心包炎，心冠脂肪、心内膜和心外膜有小出血点。而鹅葡萄球菌病可见全身肌肉、皮肤、黏膜、浆膜水肿、充血、出血，龙骨部及翅下、四肢关节周围的皮下呈浆液性浸润或皮肤坏死，甚至化脓、破溃。

4. 鹅葡萄球菌病和鹅痛风（关节炎型）的鉴别

［**相似点**］鹅葡萄球菌病和鹅痛风（关节炎型）均有精神委顿、食欲减退或不食、关节肿胀、跛行和运动受限等临床表现以及关节内有渗出物。

［**不同点**］鹅痛风的病因主要与饲料和肾脏机能障碍有关，主要见于青年或成年鹅，患病鹅病肢关节肿大，触之较硬实，常跛行，有时见两肢的关节均出现肿胀，

严重者瘫痪，排稀白色或半形稠状含有多量尿酸盐的粪便，逐渐衰竭死亡。而鹅葡萄球菌病粪便呈灰绿色，鹅胸、翅、腿部皮下有出血斑点，足、翅关节发炎、肿胀，病鹅跛行。鹅痛风（关节炎型）肿大的关节腔内有多量黏稠的尿酸盐沉积物，而鹅葡萄球菌病（关节炎型）常见胫、跗关节肿胀，卧地不起，关节内有浆液性或浆液纤维素性渗出物，时间稍长变成干酪样。

5. 鹅葡萄球菌病和鹅口疮（禽白喉）的鉴别

［**相似点**］葡萄球菌病与鹅口疮（禽白喉）均是条件性疾病。这两种细菌都广泛存在于自然界中，特别存在于动物的体表或体内。饲养管理不善、室内通风不良或潮湿、鹅群拥挤、密度大，给细菌的大量繁殖制造了条件，都是引发鹅群爆发疾病的重要诱因。均表现精神委顿，羽毛松乱，食欲减退，嗉囊积食，下痢等临床表现。

［**不同点**］鹅口疮的病原是白色念球菌，用工具撬开其口腔，可见其舌面发生溃疡，上部常见有假膜性斑块与容易脱落的坏死性物质，嗉囊和腺胃出现白色增厚区，肌胃糜烂，泄殖腔发炎等。鹅葡萄球菌病（葡萄球菌败血症、葡萄球菌关节炎）胸、翅、腿部皮下有出血斑点，足、翅关节发炎、肿胀，病鹅跛行；有时在胸部或龙骨上出现浆液性滑膜炎，有的腹部膨大，脐部发炎，有臭味，流出黄灰色液体。

【防制】

1. 预防措施

(1) 加强日常饲养管理　采取全进全出制，加强日常鹅舍内的卫生清扫与消毒工作，保持圈舍干燥；注意防止种鹅吃霉变的饲料；保持适宜饲养密度；保持地面或网架的清洁，不能积有粪便。每日可用百毒杀、火碱等对全场、鹅舍进行彻底消毒。对饲养场地上的尖锐物进行及时清理，防止对种鹅脚部的磨伤、擦伤、刺伤等。

（2）全群预防　本病的治疗首先采集病料分离出病原菌，做药敏试验后，选择最敏感药物进行预防与治疗。用丁胺卡那混于饲料饲喂有防治效果，用量按饲料量的0.05%连续喂服3天。每月在饲料中加药1次进行预防。

2. 发病后措施

处方1：青霉素，雏鹅1万单位，青年鹅3万～5万单位肌内注射，4小时/次，连用3天。并及时将恢复后的鹅隔离。

处方2：磺胺5-甲氧嘧啶（消炎磺）或磺胺间甲嘧啶（制菌磺），按0.04%～0.05%混饲，或按0.1%～0.2%浓度饮水。

处方3：氟哌酸或环丙沙星，按0.05%～0.1%浓度饮水，连饮7～10天。

处方4：黄连、黄芩、黄柏各100克，大黄、甘草各50克、小蓟（鲜）400克，连煎3次作饮水用，每日1剂，连用3天。用药第2天停止死亡，病情得到控制。

处方5：金银花30克、连翘30克、黄连20克、菊花30克、黄柏30克、甘草30克组成。将上述药加水2000毫升浸泡2小时，煎至100毫升，倒出药液，以同样的方法第2次再煎药液1000毫升，2次药液混合让鹅自饮（用于100只鹅）。对病情严重的灌服。每天1剂，连用5天。用药3天后病鹅停止死亡，第7天全部治愈。

处方6：对发病的鹅用磺胺间甲氧嘧啶注射液（0.05克/千克）肌内注射，1次/天，连用3天；对有啄癖的鹅饲料中添加啄羽灵（朱砂散）、石膏粉和适量的盐。在基础日粮中添加禽

用多种维生素和禽用微量元素（均按 1 克/千克拌料），并在饮水中添加 2.5%恩诺沙星（按 1 克/升饮水），连用 3 天。

十二、鹅链球菌病

鹅链球菌病指的是由于鹅感染链球菌引起的一类急性败血症型传染病，病禽主要症状为精神沉郁，食欲减少或废绝，羽毛松乱，消瘦，嗜睡，可以使用抗生素类药物进行治疗。鹅链球菌病是小鹅的一种急性败血性传染病。雏鹅与成年鹅均可感染。

【病原】本病的病原是链球菌属的兽疫链球菌，为革兰阳性球菌，兼性厌氧，不形成芽孢，不能运动。呈单个、成对或短链存在。本病菌在自然界分布广泛，在 4℃可保存几个月，在血液中－70℃可存活 1～2 年，冻干可存活 20 年。

【流行病学】本病主要传染源是病鹅和带菌鹅。各种日龄的鹅均可感染发病，但主要是雏鹅。本病传播途径主要是呼吸道及皮肤创伤。受污染的饲料和饮水可间接传播本病，蜱也是传播者。种雏或成年鹅可经皮肤创伤感染；新生雏经脐带感染，或蛋壳受污染后感染鹅胚，孵化后成为带菌鹅。本病无明显季节性，当外界条件变化及鹅舍地面潮湿、空气污浊、卫生条件较差时，鹅体抵抗力下降者均易发病。

【临床症状】病鹅精神沉郁，食欲减少或废绝，羽毛松乱，消瘦，嗜睡；强行驱赶时步态蹒跚，共济失调；拉稀，粪便呈绿色、灰白色；病程短，发病后 1～2 天死亡。

【病理变化】剖检病鹅病变，多为急性败血症的特点。实质器官出血较严重，肝、脾肿大，表面可见局灶性密集的小出血点或出血斑，质地柔软。心包腔内有淡黄色液体即心包炎，心冠脂肪、心内膜和心外膜有小出血点；肾脏肿大、出血，肠道呈卡他性肠炎变化。幼鹅卵黄吸收不全，脐发炎。成年鹅还有腹膜炎病变。

【诊断】根据本病的流行特点、临床症状和剖检病变可作出初步诊断。确诊须依靠细菌学检查等实验室诊断。

【鉴别诊断】

1. 鹅链球菌病与鹅沙门菌病（鹅副伤寒）的鉴别

［**相似点**］鹅链球菌病与鹅沙门菌病均有传染，精神沉郁，食欲减少或废绝，羽毛松乱，嗜睡，共济失调，泻痢以及肝脾肿大，心包炎等病理变化。

［**不同点**］鹅沙门菌病是由除鸡白痢和鸡伤寒沙门菌以外的其他沙门菌引起鹅的一种急性或慢性传染病，幼龄鹅对副伤寒非常易感，尤以3周龄以下易发生败血症而死亡；患鹅眼和鼻腔流出清水样分泌物、泻痢、肛门常有稀粪粘糊，少数慢性病例可能出现呼吸道症状，表现呼吸困难、张口呼吸。而鹅链球菌病各种日龄的鹅均可感染发病，但主要是雏鹅，拉稀，粪便呈绿色、灰白色。鹅沙门菌病初生幼雏的主要病变是卵黄吸收不良和脐炎，俗称“大肚脐”，卵黄黏稠，色深，肝脏轻度肿大，日龄稍大的雏鹅肝脏呈古铜色，表面有散在的灰白色坏死点，有的病例气囊浑浊，常附有淡黄色纤维素的团块，亦有表现心包炎、心肌有坏死结节，特征的病变是盲肠肿胀，呈斑驳状，盲肠内有干酪样物质形成的柱子，肠道黏膜轻度出血，部分节段出现变性或坏死。而

鹅链球菌病肝、脾表面可见局灶性密集的小出血点或出血斑，心包腔内有淡黄色液体即心包炎，心冠脂肪、心内膜和心外膜有小出血点。

2. 鹅链球菌病与葡萄球菌病的鉴别

［**相似点**］鹅链球菌病与葡萄球菌病均有传染性，各种年龄的鹅都可发生，环境变化成为重要诱因，表现精神沉郁，食欲减退或废绝，拉稀等临床症状以及实质器官出血、肝脾肿大、肠道卡他性炎症等病变。

［**不同点**］鹅葡萄球菌病是由金黄色葡萄球菌引起的一种急性或慢性传染病，粪便呈灰绿色，鹅胸、翅、腿部皮下有出血斑点，足、翅关节发炎、肿胀，病鹅跛行。而鹅链球菌病强行驱赶时步态蹒跚，共济失调，拉稀，粪便呈绿色、灰白色。鹅葡萄球菌病可见全身肌肉、皮肤、黏膜、浆膜水肿、充血、出血，龙骨部及翅下、四肢关节周围的皮下呈浆液性浸润或皮肤坏死，甚至化脓、破溃。而鹅链球菌病肝、脾表面可见局灶性密集的小出血点或出血斑，心包腔内有淡黄色液体即心包炎，心冠脂肪、心内膜和心外膜有小出血点。

【防制】

1. 预防措施

加强饲养管理，注意环境卫生和消毒工作；预防幼雏的脐炎与败血症，应着重防止种蛋的污染，种鹅舍要勤垫干草，保持干燥，勤捡蛋。同时要防止鹅皮肤与脚掌创伤感染。入孵前可用福尔马林熏蒸，出雏后注意保温。

2. 发病后措施

鹅场一旦发生了链球菌病，可用青霉素、链霉素、庆大霉素、新生霉素和复方新诺明治疗。

处方1：复方新诺明，按0.04%的比例均匀拌料饲喂，即每50千克饲料中加入20克复方新诺明，连用3天。

处方2：新生霉素，按0.0386%比例均匀拌料饲喂，即每50千克饲料中加入20克药，连用3～5天，可有效地抑制鹅病的发生。

处方3：庆大霉素1万单位/只，饮水，每日2次，同时饮用口服补液盐，连用3～5天，并在每100千克水中添加维生素C 100克自由饮水。重症病鹅肌注庆大霉素2000单位/只，每日2次。

十三、禽李氏杆菌病

禽李氏杆菌病又称禽单核细胞增多症，是由李氏杆菌引起的禽类的一种散发性传染病。主要表现为单细胞增生性脑炎、坏死性肝炎和心肌炎等症状。

【病原】李氏杆菌是一种球杆菌，大小为（0.4～0.5）微米×(0.5～1)微米，兔血琼脂培养基上可长成3～30微米的菌丝。普通琼脂培养基菌体长0.4～0.6微米，菌体单个或呈“V”形排列，22～25℃时形成4根鞭毛，有运动性，37℃时不长鞭毛或只有单鞭毛，运动减弱或消失。无芽孢，一般无荚膜，革兰阳性。但在血清葡萄糖蛋白胨中能形成多黏糖荚膜，老龄培养物有时脱色为阴性，菌体染色常两极浓染（易误认双球菌）。

【流行病学】鸡、鸭、鹅、火鸡、金丝雀均易感，实验动物小鼠、兔、豚鼠也易感。可通过消化道、呼吸道、眼结膜、受伤皮肤感染，污染饲料、饮水、吸血昆虫均为

传染源。多为散发，偶尔呈地方性流行，主要侵害2月龄以下幼禽，发病率低，病死率高（52%～100%）。3～5月多发，冬季也有发生，缺乏青料、气候骤变、缺乏维生素A和维生素B时均为发病诱因。

【临床症状】潜伏期一般2～3周。突然发病，初委顿，毛粗乱，离群孤呆，食欲不振，下痢，冠髯发绀，脱水，皮肤暗紫，随后两翅下垂，两腿软弱无力，行动不稳，卧地不起，倒地侧卧、腿划动。有的无目的地乱闯，尖叫，头颈侧弯，仰头，腿部阵发抽搐，神志不清，最后死亡。

【病理变化】脑膜血管明显充血。心肌有坏死灶，心包积液，心冠脂肪出血。肝肿大，呈土黄色，有紫色瘀血斑和白色坏死点，质脆易碎。脾肿大，呈黑红色。腺胃、肌胃、肠黏膜出血，黏膜脱落，有的腹腔有大量血样物，肾肿大、有炎症。

【实验室检查】用血液、肝、脾、肾、脑涂片，革兰染色镜检可见排列“V”形革兰阳性小杆菌。将病料制成悬液，用普通肉汤（如胰蛋白酶大豆肉汤、脑心浸液）以1∶1稀释，用研钵或匀浆器调匀，将悬液通过腹腔、脑腔或静注兔、小鼠、豚鼠，很快引起死亡。如点眼则出现化脓性结膜炎，不久死亡。

【鉴别诊断】

1. 禽李氏杆菌病与禽链球菌病的鉴别

［**相似点**］禽李氏杆菌病与禽链球菌病均有传染，突然委顿，毛粗乱，冠髯发紫，头颈弯曲，仰头，腿部痉挛或两腿软弱无力等症状。剖检可见心冠脂肪有出血点，

肝肿大、有紫色瘀血斑和坏死灶，肾肿大。

[**不同点**] 禽链球菌病的病原为禽链球菌，部分腿部轻瘫，跗趾关节肿大、跛行，足底皮肤组织坏死。有的羽翅发炎、流分泌物，结膜炎，流泪；剖检可见肝呈暗紫色，脾有出血性坏死，肺瘀血、水肿，喉干酪样坏死，气管、支气管充满黏液。而禽李氏杆菌病病鹅离群呆立，下痢，皮肤暗紫，腿部阵发抽搐；剖检肝肿大、呈土黄色，有紫血斑和白色坏死，脾肿大、呈紫黑，腺胃、肌胃黏膜脱落。禽链球菌病用肝、脾血液涂片，美蓝、瑞氏或革兰染色镜检，可见到蓝紫色或革兰阳性单个或短链排列的球菌；禽李氏杆菌病血检可见排列“V”形革兰阳性小杆菌。

2. 禽李氏杆菌病与维生素 B_1 缺乏症的鉴别

[**相似点**] 禽李氏杆菌病与维生素 B_1 缺乏症均有毛粗乱，食欲不振，两肢无力、行动不稳，仰头，两翅下垂等症状，有的乱闯。

[**不同点**] 维生素 B_1 缺乏症的病因是维生素 B_1 缺乏，饲料中缺乏谷类籽实，或多吃鲜鱼虾和软体动物或蕨类植物；脚趾屈肌先麻痹，接若向大腿、翅、颈发展。禽李氏杆菌病离群呆立，腿部阵发抽搐，皮肤暗紫；剖检可见肝肿大、呈土黄色，有紫血斑和白色坏死；脾肿大、呈紫黑，腺胃、肌胃黏膜脱落，血检可见排列“V”形革兰阳性小杆菌。

3. 禽李氏杆菌病与维生素 B_6 缺乏症的鉴别

[**相似点**] 禽李氏杆菌病与维生素 B_6 缺乏症均有无

目的地乱跑，翻倒在地抽搐，以致衰竭死亡等症状。

［**不同点**］维生素 B_6 缺乏症的病因是维生素 B_6 缺乏，病鹅表现为食欲下降，生长不良，贫血，惊厥乱跑时翅膀扑击，有的无神经症状，跗跖关节弯曲，成年禽产蛋率下降。禽李氏杆菌病离群呆立，皮肤暗紫；剖检可见脑膜明显充血，心肌有坏死，心包积液，肝肿大、呈土黄色有紫血斑和白色坏死；脾肿大、呈紫黑，腺胃、肌胃黏膜脱落；血检可见排列“V”形革兰阳性小杆菌。

4. 禽李氏杆菌病与一氧化碳中毒的鉴别

［**相似点**］禽李氏杆菌病与一氧化碳中毒均有委顿，毛粗乱，呆立，瘫痪，阵发抽搐等症状。

［**不同点**］一氧化碳中毒病因是一氧化碳中毒，流泪呕吐，重时昏睡，死前痉挛或惊厥；剖检可见血管及脏器内血液鲜红，心肌纤维坏死。禽李氏杆菌病病鹅皮肤暗紫，剖检可见肝肿大、呈土黄色，有紫血斑和白色坏死；脾肿大、呈紫黑，腺胃、肌胃黏膜脱落；血检可见排列“V”形革兰阳性小杆菌。

【防制】加强管理，搞好清洁卫生，定期消毒，对育雏的管理尤要注意。发现病禽隔离治疗，死禽如尚有利用价值，必须经无害处理后才可利用。场地用3%石炭酸、3%来苏儿、2%火碱、5%漂白粉严格消毒。防止病禽进入无病场内。在治疗前应选敏感药物。

处方1：氨苄青霉素和苄基青霉素G对本病有抑制作用。链霉素虽有较好治疗作用，但易产生抗药性。

处方2：四环素按0.06%～0.1%混入饲料喂饲，连用3～5天。

十四、鹅曲霉菌病

鹅曲霉菌病是鹅的一种常见的真菌病。主要侵害雏鹅，多呈急性，发病率较高，造成大批死亡。成年鹅多为个别散发。曲霉菌能产生毒素，使动物痉挛、麻痹、组织坏死和致死。

【病原】本病的病原体主要是烟曲霉菌。其他如黄曲霉菌、黑曲霉菌等，都有不同程度的致病力。曲霉菌的气生菌丝一端膨大形成顶囊，上有放射状排列小梗产生的分生孢子，形如葵花状。曲霉菌的孢子抵抗力很强，煮沸后 5 分钟才能杀死，常用的消毒剂有 5%甲醛、石炭酸、过氧乙酸和含氯消毒剂。

【流行病学】曲霉菌和它所产生的孢子，在鹅舍地面、空气、垫料及谷物中广泛存在。各种禽类易感，以幼禽的易感性最高，常为急性和群发性，成年禽为慢性和散发。环境条件不良，如鹅舍低矮潮湿，空气污浊，高温高湿，通气不良，鹅群拥挤以及营养不良、卫生状况不好等，更易造成本病的发生和流行。

【临床症状】病鹅主要表现为食欲减少或停食，精神委顿，眼半闭，缩颈垂头，呼吸困难，喘气，呼气时抬头伸颈，有时甚至张口呼吸，并可听到“鼓鼓”沙哑的声音，但不咳嗽。少数病鹅鼻、口腔内有黏液性分泌物，鼻孔阻塞，故常见“甩鼻”，表现口渴，后期下痢，最后倒地，头向上向后弯曲，昏睡不起，以致死亡。雏鹅发病多呈急性，在发病后 2～3 日内死亡，很少延长到 5 日以上。慢性者多见于大鹅。

【病理变化】病死鹅的主要特征性病变在肺部和气囊。肉眼明显可见肺、气囊中有一种针头大小乃至米粒大小的浅黄色或灰白色颗粒状结节。肺组织质地变硬，失去弹性切面可见大小不等的黄白色病灶。气囊壁增厚混浊，可见到成团的霉菌斑，坚韧而有弹性，不易压碎。

【实验室检查】

1. 镜检

无菌操作取少量的肝、脾组织涂片，革兰染色，镜检，未检出细菌；或无菌操作取少量的肝、脾组织接种在营养肉汤培养基中，置37℃温箱中培养24小时和48小时后，革兰染色，镜检，均未检出细菌；直接镜检，取肺中黄白色结节于载玻片上，剪碎，加2滴20%KOH溶液，混匀，盖上盖玻片，在酒精灯上微微加热至透明后镜检，可见典型的曲霉菌：大量霉菌孢子，并见有多个菌丝形成的菌丝网，分隔的菌丝排列成放射状。

2. 分离培养

无菌操作取肺中黄白色结节接种于沙保氏琼脂平板上，37℃培养，每天观察，36小时后长出中心带有烟绿色，稍凸起，周边呈散射纤毛样无色结构菌落，背面为奶油色，直径约7毫米，镜检可见典型霉菌样结构：分生孢子头呈典型致密的柱状排列，顶囊似倒立烧瓶样；菌丝分隔，孢子圆形或近圆形，绿色或淡绿色。

【鉴别诊断】

1. 鹅曲霉菌病与鹅副伤寒的鉴别

［**相似点**］鹅曲霉菌病与鹅副伤寒均有精神不振，羽

毛松乱，嗜睡，呆立，翅膀下垂，下痢结膜炎等临床症状。

［**不同点**］鹅副伤寒是由副伤寒沙门菌引起的，病鹅饮水增加，呈水样下痢，近热源拥挤。剖检可见肝、脾充血，有出血条纹和出血点、坏死点，心包粘连，用克隆抗体和核酸探针为基础的检测沙门菌诊断药盒容易作出诊断，鹅曲霉菌病常因饲料或褥草发霉，被曲霉菌污染而发生；在肺上有粟粒大黄或灰白结节，培养可出现烟曲霉菌；气囊也有霉菌结节，有时形成霉斑。

2. 鹅曲霉菌病与隐孢子虫病的鉴别

［**相似点**］鹅曲霉菌病与隐孢子虫病均有精神不振，打喷嚏，闭目嗜睡，翅膀下垂，减食或废食，伸颈张口呼吸，呼吸困难等临床症状。

［**不同点**］鹅隐孢子虫病的病原为鸡隐孢子虫，剖检可见喉气管水肿，有较多泡沫性液体和干酪样物，肺腹侧严重充血、有灰白色硬斑，切面多渗出液，生前取呼吸道黏液用饱和白糖溶液将卵囊浮集、镜检可见包裹内含 4 个裸露的香蕉形子孢子和一个大残体。

3. 鹅曲霉菌病与鹅线虫病（气管比翼线虫）的鉴别

［**相似点**］鹅曲霉菌病与鹅线虫病（气管比翼线虫）均有精神不振，减食或废食，伸颈张口呼吸，摇头甩鼻，呼吸困难等临床症状。

［**不同点**］鹅线虫病的病原为比翼线虫。病鹅口内充满泡沫状唾液，后期呼吸困难，窒息死亡。剖检口腔、喉头可见叉子形虫体。

4. 鹅曲霉菌病与舟形嗜气管吸虫病的鉴别

［**相似点**］鹅曲霉菌病与舟形嗜气管吸虫病均有传

染，喘气，伸颈张口呼吸等症状。

［**不同点**］舟形嗜气管吸虫病病原为舟形嗜气管吸虫，有可能在水中啄食水螺或用碎螺做饲料而感染，气管、支气管、气囊黏液中可以检出虫体。

5. 鹅曲霉菌病与鹅结核的鉴别

［**相似点**］鹅曲霉菌病与鹅结核均有精神不振，呆立，羽毛松乱，逐渐消瘦，贫血，产蛋量下降，病程长（数周或数月）等临床症状以及肺、气囊有结节、切开呈干酪样等剖检病变。

［**不同点**］鹅曲霉菌病的病原为曲霉菌，病鹅闭目昏睡，呼吸困难，摇头甩鼻，成年鹅也有呼吸困难。剖检可见肺有霉菌结节（粟粒至绿豆粒大），色呈灰白、黄白、淡黄，周围有红色浸润，柔软，干酪样物有层状结构。气囊的霉菌结节呈烟绿色或深褐色，用手拨动有粉状物飞扬。霉菌结节置玻璃片上加生理盐水、镜检，肺部可见曲霉菌的菌丝，气囊可见分生孢子柄和孢子。

【防制】

1. 预防措施

由于鹅曲霉菌病目前尚无治疗特效药和方法。因此，需要加强预防措施，从发病源头遏制住疾病的发生。一是加强饲养管理。不使用发霉的垫草，垫草要经常更换、翻晒，尤其在梅雨季节，要特别注意防止垫草霉变。注意鹅舍的通风换气，注意保持鹅舍环境的干燥和卫生，同时确保饲料无霉菌污染。增强对饲养空间的通风与湿度控制，避免空气中霉菌聚集。鹅舍应选择建设在光照充足的位置，避免霉菌的滋生。舍内使用的垫料应定期在阳光下充分曝

晒，之后进行消毒灭菌。饲料应在一定时间内食用完，避免霉变，饲喂时合理放置，防止吸潮。注意保持饲料和垫料的卫生无菌。二是做好消毒工作。定期对鹅舍进行空气消毒，用0.1%的次氯酸钠溶液或0.1%～0.3%的过氧乙酸溶液喷雾消毒，鹅舍用药量为5毫升/平方米，每周至少1次，可有效杀灭鹅舍墙面、用具和空气中存在的烟曲霉菌，避免鹅经呼吸道感染鹅曲霉菌病。

2. 发病后措施

及时隔离病雏，清除污染霉菌的饲料与垫料，清扫禽舍，喷洒1∶2000的硫酸铜溶液，换上不发霉的垫料。严重病例扑杀淘汰，轻症者可用1∶2000或1∶3000的硫酸铜溶液饮水，连用3～4天，可以减少新病例的发生，有效地控制本病的继续蔓延。可使用下列处方治疗。

处方1：制霉菌素，成禽15～20毫克，雏禽3～5毫克，混于饲料喂服3～5天，有一定疗效。或制霉菌素1万～2万单位，内服，每日2次，连用3～5天。也可按每只病禽1万～2万单位的剂量，将药溶于水中，让其饮用，连用3～5天。雏禽用量为0.5万单位。

处方2：碘化钾5～10克，蒸馏水1000毫升。将碘化钾溶于水中，每只禽每次内服1毫升，每日2～3次，连用3天，或配成0.05%～0.1%的碘化钾水溶液，让其自由饮用。

处方3：0.19%紫药水0.2毫升，肌内注射，每日2次，早期应用效果明显。病初也可用0.05%紫药水与2%～5%的糖水让病禽自饮，连用3～5天。

处方4：1/3000～1/2000硫酸铜溶液，连饮3～5天，停3天后再饮1个疗程。

处方5：鱼腥草、蒲公英各60克，筋骨草、桔梗各1.5

克，山海螺 30 克。煎汁供病禽饮用，连用 1～2 周。

处方 6：患病鹅群用 100 只雏鹅 1 次以 50 万单位剂量的制霉菌素拌料，每日 2 次，连用 5 天；同时用 1∶3000 的硫酸铜溶液饮水，连用 5 天。病鹅大多在投药后 2 周左右康复。

十五、鹅结核病

鹅结核病是由禽分枝杆菌引起的一种慢性接触性传染病。本病的特征是慢性经过，渐进性消瘦、贫血、产蛋量减少或不产蛋。剖检时，可见各组织器官，尤其是肝脏、脾脏和肠道形成结核结节。本病在国内外都有报道。在养禽场爆发时，多呈慢性，生长发育和生产性能受到影响，产蛋量下降和发生死亡，造成严重的经济损失。

【病原】 禽结核分枝杆菌，是分枝杆菌属的一种，其特点是细菌短小，具有多型性。本菌无芽孢，无荚膜，无鞭毛，不能运动；本菌对一般苯胺染料不易着色，革兰阳性，有耐酸染色的特性，用萋-尼氏染色法染色时，禽结核分枝杆菌呈红色，而其他一些非分枝杆菌染成蓝色，这种染色特性，可用于本病的诊断。

细菌对化学药剂的抵抗力也较强，对溶脂的离子清洁剂敏感；2%来苏儿、5%石炭酸、3%甲醛、10%漂白粉、70%～75%酒精敏感。4% NaOH、3% HCl、6% H_2SO_4 中 30 分钟，有相对的耐性，活力不受影响，故在实验中，常用此处理病料中的杂菌，培养基中也常加入，以达到控制杂菌的目的。结核杆菌对常用的磺胺药和抗生素均不敏感，链霉素、环丝氨酸等抗生素和异烟肼、对氨基水杨酸、利福平等药物，有抑菌或杀菌作用。

【流行病学】本病的主要传染源是病鹅和带菌鹅，其感染途径主要是消化道和呼吸道，也可经皮肤创伤侵入。病鹅、带菌鹅的分泌物和排泄物含有大量病原菌，污染土壤、垫草、用具、饲料和饮水，健康鸡吞食后而受感染。鹅蛋、野禽也能传染本病。运输工具和管理人员也能成为本病的传染媒介。饲养管理条件差、鹅群密度大、重复感染等都能促进本病的发生。由病鹅蛋孵出的雏鹅患病，多半为病程较短的全身性结核病而死亡。

【临床症状】鹅结核病的潜伏期较长，一般须经几个月才逐渐表现出明显的症状。病鹅精神沉郁，身体衰弱，不爱活动，鹅不愿下水，日渐消瘦，体重减轻，特别是胸肌萎缩明显，胸骨突出、变形。随着病程发展可见羽毛松乱，皮肤干燥，冠、髯苍白。多数病鹅呈单侧性跛行和特异性痉挛，呈跳跃式的步态，偶有一侧翅膀下垂，肿胀的关节有时破溃，流出干酪样的分泌物。成年鹅产蛋量减少或停产。腹部可触摸到结节状或块状物及肝脏上的结节。如果在肠道有结核性溃疡，可导致病鹅严重腹泻或间歇性腹泻。最后病鹅多因全身衰竭而死亡。病程可长达数月乃至1年以上。

【病理变化】病死鹅常是极度消瘦，肌肉萎缩。多在肝、脾、肠系膜淋巴结及肺脏等器官形成粟粒大至豌豆大的灰黄色或灰白色的结核结节，大多为圆形，有的几个结节融合在一起呈不规则状，将结节切开，可见结节外面包裹一层纤维性的包膜，里面充满黄白色干酪样物质。在肠壁和腹壁上也常有许多大小不等的灰白色结核结节。此外，在骨骼、卵巢、睾丸、胸腺以及腹膜等处，

也可见到结核结节。这些结核结节的特点通常是界限明显，坚韧如软骨，但具有中心柔软或干酪样的病灶，如完全钙化时则质如沙砾。

【鉴别诊断】

1. 鹅结核病与鹅伤寒的鉴别

[**相似点**] 鹅结核病与鹅伤寒均有精神委顿，羽毛松乱，冠髯苍白皱缩，贫血，腹泻等临床症状；并均有肺、肝有坏灶等剖检病变。

[**不同点**] 鹅伤寒的病原为伤寒沙门菌。鹅感染后体温升高至43～44℃，发生卵黄性腹膜炎时像企鹅样站立，病程5～10天死亡；剖检可见肝呈棕绿或古铜色（雏鸡变红），肝、肺、肌胃均有灰色坏死灶（不形成结节）用病料分离培养可鉴定鸡伤寒沙门菌。鹅结核病是一种慢性经过，渐进性消瘦、贫血、产蛋量减少或不产蛋。

2. 鹅结核病与鹅副伤寒的鉴别

[**相似点**] 鸭结核病与鹅副伤寒均有精神委顿，食欲不振，下痢，消瘦，关节炎，产蛋量下降等临床症状；并均有肝、脾肿大等剖检病变。

[**不同点**] 鹅副伤寒是由沙门杆菌引起的。成鹅下痢，脱水后大多恢复迅速，死亡不超过10%。剖检可见出血性坏死性肠炎、心包炎、腹膜炎，输卵管坏死性增生性病变，卵巢化脓性坏死性病变，以克隆抗体和核酸探针为基础的检测沙门菌诊断药盒容易作出诊断。

3. 鹅结核病与鹅大肠杆菌病的鉴别

[**相似点**] 鹅结核病与鹅大肠杆菌病均有精神不振，

食欲减退或废绝，羽毛松乱，腹泻，关节炎等临床症状；并均有肝、脾有结节块（肉芽肿）等剖检病变。

［**不同点**］鹅大肠杆菌病的病原为大肠杆菌。病鹅排黄白色带血稀粪。剖检可见心包、肝、腹膜有纤维性炎，有大量纤维素。通过分离培养、染色镜检和生化试验确诊。

4. 鹅结核病与鹅链球菌病的鉴别

［**相似点**］鹅结核病与鹅链球菌病均有精神委顿，食欲减退或废绝，羽毛松乱，冠苍白，腹泻，消瘦，关节炎，产蛋下降等临床症状。

［**不同点**］鹅链球菌病是由链球菌引起的。病鹅嗜眠昏睡，冠髯有时发紫，慢性轻瘫，跗趾关节炎，足底皮肤坏死。剖检可见败血型皮下、浆膜肌肉水肿，心包、腹腔浆膜有出血性纤维素渗出物。其他脏器均有出血点。病料涂片、染色镜检可见单个或短链排列的球菌。

5. 鹅结核病与鹅弯曲杆菌性肝炎的鉴别

［**相似点**］鹅结核病与鹅弯曲杆菌性肝炎均有精神委顿，冠苍白，羽毛松乱，逐渐消瘦，腹泻，产蛋量下降等临床症状；并均有肝肿大、呈黄褐色、有灰白色坏死灶（类似结节）等剖检病变。

［**不同点**］鹅弯曲杆菌性肝炎病原为弯曲杆菌。病雏粪便先呈黄褐色，再呈面糊状，后水样，剖检可见亚急性肝肿大1～2倍，呈黄红或黄褐色，肝、脾均有出血点、坏死点；肝隙状窦可见到菌落，用免疫过氧化物染色可见菌体呈棕黄色，培养的菌落镜检可见弯曲杆菌。

6. 鹅结核病与鹅曲霉菌病的鉴别

［**相似点**］鹅结核病与鹅曲霉菌病均有精神不振，呆

立，羽毛松乱，逐渐消瘦，贫血，产蛋量下降，病程长（数周或数月）等临床症状，并均有肺、气囊有结节、切开呈干酪样等剖检病变。

［**不同点**］鹅曲霉菌病的病原为曲霉菌，雏鹅发病时闭目昏睡，呼吸困难，摇头甩鼻，成年鹅也有呼吸困难。剖检可见肺有霉菌结节（粟粒至绿豆粒大），色呈灰白、黄白、淡黄，周围有红色浸润，柔软，干酪样物有层状结构。气囊的霉菌结节呈烟绿色或深褐色，用手拨动有粉状物飞扬。霉菌结节置玻璃片上加生理盐水、镜检，肺部可见曲霉菌的菌丝，气囊可见分生孢子柄和孢子。

7. 鹅结核病与禽霍乱（慢性）的鉴别

［**相似点**］鹅结核病与禽霍乱（慢性）均有精神不振，食欲减退，冠苍白，关节炎，长期拉稀，产蛋下降，病程长（几周）等临床症状。

［**不同点**］禽霍乱的病原为巴氏杆菌。慢性病例多出现于该病流行后期，急性时口鼻流泡沫性黏液，冠髯黑紫水肿有热痛，剧烈腹泻，粪灰黄色或灰绿色。剖检可见皮下组织、腹腔脂肪、肠系膜、黏膜、浆膜有出血点，胸腔气囊、肠浆膜有纤维素性或干酪样渗出物。慢性鼻腔、气管、支气管卡他性炎症分泌物增多，肺实质变硬，病料涂片镜检可见两极着色的短杆菌。

8. 鹅结核病与磺胺类药物中毒的鉴别

［**相似点**］鹅结核病与磺胺类药物中毒均有精神委顿，毛松乱，冠苍白，贫血，腹泻，增重缓慢，产蛋率下降等症状。

［**不同点**］磺胺类药物中毒的病因为过量服用磺胺类

药物中毒后发病，渴欲增加，所产蛋壳变薄且粗糙，棕色蛋壳褪色。剖检可见皮肤、肌肉、皮下、内部器官有出血斑，肠道呈弥漫性出血，肝呈紫红或黄褐色、表面有出血斑，脾有出血性梗死和灰色结节区，心肌也有刷状出血和灰色结节，脑充血、水肿，骨髓变为淡红色或黄色。

【防制】本病药物治疗价值不大，主要是做好防疫工作。发现病鹅应及时隔离淘汰，死鹅不能随意乱扔，必须烧毁或深埋，以防传播疫病；对鹅舍和饲养用具要彻底清洗消毒，最好闲置几个月，淘汰老旧设备；鹅群要进行定期检疫，发现阳性反应鹅立即淘汰，鹅场彻底消毒。6 个月以后，再进行第 2 次检疫，检查有无新的病鹅出现，直到所有的阳性鹅全部检出时为止；病鹅群所产的蛋，不能留作种用。

十六、鹅口疮

鹅口疮（禽念珠菌病，或消化道真菌病）主要是由白色念球菌所致家禽上消化道感染的一种霉菌病。主要发生在鸡、鹅和火鸡。其特征为口腔、喉头、食道等上部消化道黏膜形成伪膜和溃疡。

【病原】病原是白色念珠菌，在自然条件下广泛存在，在健康的畜禽及人的口腔、上呼吸道等处寄生。本菌为类酵母菌，在病变组织及普通培养基中皆产生芽孢及假菌丝。出芽细胞呈卵圆形，革兰染色阳性，兼性厌氧菌。

【流行病学】本病主要发生在幼龄的鸡、鸭、鹅、火鸡和鸽等禽类。幼龄的发病率和死亡率都比成龄的高。

病禽粪便中含有多量病菌，可污染饲料、垫料、用具等环境，通过消化道传染，黏膜损伤有利病菌侵入。也可通过蛋壳传染。鹅舍内过分拥挤、闷热不通风、不清洁等，饲料配合不当，维生素缺乏以及天气湿热等，导致鹅抵抗力降低，是促使本病发生和流行的因素。

【临床症状】病鹅精神沉郁，呆立，食欲减退甚至废绝，羽毛乱且沾有水，食道膨大部肿大，吞咽困难，叫声微弱，粪便呈黄白色或绿色。少数病例表现为呼吸困难，体温上升，腹部变大。快要死亡的雏鹅倒地后不能站立，心跳加快，甚至抽搐。

【病理变化】食道膨大部黏膜增厚，表面为灰白色、圆形隆起的溃疡，黏膜表面常有伪膜性斑块和易剥离的坏死物。口腔黏膜上病变呈黄色、豆渣样。

【实验室检查】确诊必须依靠病原分离与鉴定等实验室诊断。采取病死鹅食道黏膜剥落的渗出物，抹片，镜检，观察有大量的酵母状的孢子体和菌丝（因许多健康鹅也常有白色念珠菌寄生，故在进行微生物检查时，只有发现大量菌落时方可断定患有本病）。

【鉴别诊断】

1. 鹅口疮（或禽白喉）与鹅葡萄球菌病的鉴别

［**相似点**］鹅口疮（或禽白喉）与葡萄球菌病均是条件性疾病。这两种细菌都广泛存在于自然界中，特别存在于动物的体表或体内。饲养管理不善、室内通风不良或潮湿、鹅群拥挤、密度大，给细菌的大量繁殖制造了条件，都是引发鹅群爆发疾病的重要诱因。均表现精神委顿，羽毛松乱，食欲减退，嗉囊积食，下痢等临床症状。

［**不同点**］鹅葡萄球菌病（葡萄球菌败血症、葡萄球菌关节炎）的病原是金黄色葡萄球菌。胸、翅、腿部皮下有出血斑点，足、翅关节发炎、肿胀，病鹅跛行；有时在胸部或龙骨上出现浆液性滑膜炎；有的腹部膨大，脐部发炎，有臭味，流出黄灰色液体。鹅口疮患鹅用工具撬开其口腔，可见其舌面发生溃疡，上部常见有假膜性斑块与容易脱落的坏死性物质；嗉囊和腺胃出现白色增厚区；肌胃糜烂，泄殖腔发炎等。

2. 鹅口疮（或禽白喉）与鹅曲霉菌病的鉴别

［**相似点**］鹅口疮（或禽白喉）与鹅曲霉菌病均有精神委顿，食欲减少或停食，呼吸困难，伸颈张口，下痢等临床表现。

［**不同点**］鹅曲霉菌病的病原是曲霉菌；呼吸时可听到“鼓鼓”沙哑的声音，但不咳嗽。鹅鼻、口腔内有黏液性分泌物，鼻孔阻塞，故常见“甩鼻”，肺、气囊中有一种针头大小乃至米粒大小的浅黄色或灰白色颗粒状结节；肺组织质地变硬，失去弹性，切面可见大小不等的黄白色病灶，气囊壁增厚浑浊，可见到成团的霉菌斑，坚韧而有弹性，不易压碎。鹅口疮口腔黏膜形成黄白色假膜，病鹅吞咽困难，嗉囊松软下垂，挤压时从口腔流出酸臭气体或内容物；眼睑、口角有时可见痂样病变；口腔、咽、食管、嗉囊黏膜肿胀、坏死，出血，表面覆盖白色、灰白色、黄色或褐色纤维素性或干酪样假膜，撕开假膜可见红色溃疡出血面，以嗉囊病变最明显。

3. 鹅口疮（或禽白喉）与隐孢子虫病的鉴别

［**相似点**］鹅口疮（或禽白喉）与隐孢子虫病均有精

神不振，闭目嗜睡，翅膀下垂，减食，伸颈张口呼吸，呼吸困难，下痢等临床症状。

［**不同点**］鹅隐孢子虫病的病原为隐孢子虫，剖检可见喉气管水肿，有较多泡沫性液体和干酪样物，肺腹侧严重充血、有灰白色硬斑，切面多渗出液，生前取呼吸道黏液用饱和白糖溶液将卵囊浮集、镜检可见包裹内含4个裸露的香蕉形子孢子和一个大残体。鹅口疮眼睑、口角有时可见痂样病变。

4. 鹅口疮（或禽白喉）与鹅线虫病（气管比翼线虫）的鉴别

［**相似点**］鹅曲霉菌病与鹅线虫病（气管比翼线虫）均有精神不振，减食或废食，伸颈张口呼吸，呼吸困难等临床症状。

［**不同点**］鹅气管比翼线虫病的病原为比翼线虫，病鹅口内充满泡沫状唾液，后期呼吸困难，窒息死亡，剖检口腔、喉头可见叉子形虫体。鹅口疮眼睑、口角有时可见痂样病变。

【防制】

1. 预防措施

加强饲养管理，做好鹅舍内及周围环境的卫生工作，防止维生素缺乏症的发生。科学合理地使用抗菌药物，避免因过多、盲目地使用而导致消化道正常菌群的紊乱。在此病的流行季节，可饮用1∶2000硫酸铜溶液。

2. 发病后措施

及时隔离病鹅，进行全面消毒。

处方1：大群治疗时，可在每千克饲料中加入制霉菌素50～

100 毫克，连用 2～3 周。

处方 2：个别鹅只发病，可剥离病鹅口腔上的假膜，在溃疡部涂上碘甘油，向食道中灌入 2 毫升硼酸溶液消毒，并在饮水中加入 0.05%的硫酸铜，连用 7 天。

十七、鹅衣原体病

衣原体病又称鸟疫，是由鹦鹉热衣原体引起家禽的一种接触性传染病。在自然情况下，野鸟特别是鹦鹉的感染率较高，所以也称为鹦鹉热。本病在世界各地均有发生，在欧洲曾发生鸭、鸡和火鸡中的流行爆发，引起巨大的经济损失。

【病原】衣原体的形态呈球形，直径为 0.3～1.5 微米，不能运动，只能在易感动物体内或细胞培养基上生长繁殖。病原体对周围环境的抵抗力不强，一般消毒药物均能迅速将它杀死。

【流行病学】不同品种的家禽和野禽都能感染本病，一般幼禽最易感。传染方式主要通过空气传播，病禽的排泄物中含有大量病原体，干燥以后随风飘扬，易感家禽吸入含有病原体的尘土，引起传染。本病的另一个传染途径是从皮肤伤口侵入禽体，螨类和虱类等吸血虫可能是本病的传染媒介。

【临床症状】急性型的发病较为严重。病鹅步态不稳、发生震颤、食欲废绝、腹泻、排绿色水样稀粪，眼和鼻孔流出浆液性或脓性分泌物，眼睛周围羽毛上有分泌物干燥凝结成的痂块，随着疾病的发展，病鹅明显消瘦，肌肉萎缩。

【病理变化】临诊上显现流眼泪和鼻液的病鹅，剖检时可发现气囊增厚、结膜炎、鼻炎、眶下窦炎以及偶见全眼球炎和眼球萎缩等变化。病鹅的胸肌萎缩和全身性的多发性浆膜炎，常见胸腔、腹腔和心包腔中有浆液性或纤维素性渗出物，肝脏和脾脏肿大，以及肝周炎。肝脏和脾脏偶见有灰色或黄色的小坏死灶。

【鉴别诊断】

1. 鹅衣原体病与鹅沙门菌病的鉴别

［**相似点**］鹅衣原体病与鹅沙门菌病均有精神不振，厌食，下痢，眼和鼻孔流出分泌物以及步态不稳、动作不协调等临床表现以及气囊混浊，常附有纤维素和心包炎等病理变化，

［**不同点**］鹅沙门菌病的病原是沙门菌。主要感染雏鹅。眼和鼻腔流出清水样分泌物，泻痢、肛门常有稀粪粘糊。初生幼雏的主要病变是卵黄吸收不良和脐炎，俗称“大肚脐”，卵黄黏稠，色深，肝脏轻度肿大。日龄稍大的雏禽常见肝脏肿大，呈古铜色，表面有散在的灰白色坏死点。最特征的病变是盲肠肿胀，呈斑驳状。盲肠内有干酪样物质形成的柱子，肠道黏膜轻度出血，部分节段出现变性或坏死。少数病例腿部关节炎性肿胀。

鹅衣原体病排绿色水样稀粪，眼和鼻孔流出浆液性或脓性分泌物，眼睛周围羽毛上有分泌物干燥凝结成的痂块。剖检见结膜炎、鼻炎、眶下窦炎，偶见有全眼球炎，眼球萎缩。

2. 鹅衣原体病与鹅巴氏杆菌病的鉴别

［**相似点**］鹅衣原体病与鹅巴氏杆菌病均有精神不

振，鼻中流出分泌物，腹泻等临床表现以及肝脏肿大并有坏死灶等病理变化。

［**不同点**］鹅巴氏杆菌病的病原是巴氏杆菌。有的突然死在产蛋窝内，有的晚间一切正常，吃得很饱，次日口鼻中流出白色黏液，并排出黄色、灰白色或淡绿色的稀粪，有时混有血丝或血块，味恶臭，发病1～3天死亡。剖检心外膜和心冠脂肪有出血点。肝肿表面有灰白色针尖大小的坏死点等特征性病变。十二指肠和大肠黏膜充血和出血最严重，并有卡他性炎症。

鹅衣原体病病程较缓，排绿色水样稀粪，眼和鼻孔流出浆液性或脓性分泌物，眼睛周围羽毛上有分泌物干燥凝结成的痂块。剖检见结膜炎、鼻炎、眶下窦炎，偶见有全眼球炎，眼球萎缩。

3. 鹅衣原体病与鹅慢性呼吸道病的鉴别

［**相似点**］鹅衣原体病与鹅慢性呼吸道病均有鼻孔流出浆液性等分泌物，气囊增厚，鼻和眶下窦发炎等临床表现。

［**不同点**］鹅慢性呼吸道病的病原是支原体。病鹅上呼吸道黏膜发炎而出现浆液性或黏液性或浆液-黏液性鼻液，严重时炎性分泌物堵塞鼻孔，呼吸困难，张口呼吸、喘气，有喘气声、气管啰音。气管和喉头有黏液状物。

鹅衣原体病排绿色水样稀粪，眼和鼻孔流出浆液性或脓性分泌物，眼睛周围羽毛上有分泌物干燥凝结成的痂块。肝脏和脾脏肿大以及肝周炎。肝脏和脾脏偶见有灰色或黄色的小坏死灶。

4. 鹅衣原体病与鹅大肠杆菌病的鉴别

［**相似点**］鹅衣原体病与鹅大肠杆菌病均有精神沉

郁，食欲废绝，腹泻等临床表现和气囊增厚、心包炎等病理变化。

［**不同点**］鹅大肠杆菌病的病原是大肠杆菌，各种年龄均可发病。败血型病例病鹅体温升高，粪便稀薄而恶臭，混有血丝、血块和气泡，肛周沾满粪便，表现为纤维素性心包炎、气囊炎、肝周炎。

鹅衣原体病排绿色水样稀粪，眼和鼻孔流出浆液性或脓性分泌物，眼睛周围羽毛上有分泌物干燥凝结成的痂块。剖检时可发现气囊增厚、结膜炎、鼻炎、眶下窦炎以及偶见全眼球炎和眼球萎缩等变化，肝脏和脾脏偶见有灰色或黄色的小坏死灶。

5. 鹅衣原体病与鹅禽流感的鉴别

［**相似点**］鹅衣原体病与鹅禽流感均有精神不振、食欲废绝、腹泻、步态不稳等临床表现以及肝脏、脾脏肿大等病理变化。

［**不同点**］鹅禽流感的病原是A型流感病毒。发病突然，体温升高，呼吸道症状明显，部分患鹅头颈部肿大，皮下水肿，眼睛潮红或出血，眼结膜有出血斑，眼睛四周羽毛粘着褐黑色分泌物，严重者瞎眼。绝大多数患鹅有间隙性转圈运动，转圈后倒地并不断滚动等神经症状，有的病例头颈部不断做点头动作，有的病例出现歪头、勾头等症状。剖检见组织器官充血、出血和水肿。

鹅衣原体病眼和鼻孔流出浆液性或脓性分泌物，眼睛周围羽毛上有分泌物干燥凝结成的痂块。剖检时可发现气囊增厚、结膜炎、鼻炎、眶下窦炎以及偶见全眼球炎和眼球萎缩等变化，肝脏和脾脏偶见有灰色或黄色的小坏死灶。

【防制】

1. 预防措施

加强幼禽的饲养管理，搞好环境卫生，控制一切可能的传染来源，坚持消毒制度。幼禽要饲养在接触不到病禽的粪便、垫料及脱落羽毛的地方。

2. 发病后措施

发病后隔离病禽，病死禽要焚烧或深埋；及时清理粪便和清扫地面，每天要用0.2%的过氧乙酸带禽消毒1次；注意禽舍通风换气。药物治疗。

处方1：土霉素30～80克/100千克饲料，连喂1～3周。

处方2：金霉素30～40毫克，喂服。

处方3：每千克饲料中添加四环素200～400毫克，充分混合，连续饲喂1～3周；或3～5毫克/千克体重，一次投服，每日2次。

处方4：红霉素50～150毫克，葡萄糖酸钙1～2克。一次投服，每日2次。

十八、禽霉形体病

禽霉形体病是一种原核微生物——禽霉形体（亦称支原体）引起的禽类传染性疾病，霉形体的自然宿主包括鸡、火鸡、鸭、鹅等家禽和雉鸡、鹧鸪、鹤、海鸥、天鹅、孔雀等野禽在内的所有禽类。对禽类产生危害的主要有禽败血霉形体（MG）、滑液霉形体（MS）和火

鸡霉形体（MM），对禽类造成感染的主要为禽败血霉形体病种，通常称为慢性呼吸道病。

【病原】病原为禽霉形体，其呈细小的圆形或卵圆形，大小为0.25～0.5微米。该病原体抵抗力不强，一般常用消毒剂均能将其杀灭。该病原体在18～20℃条件下可存活1周，高温下其很快失活，低温下其存活时间很长。

【流行病学】该病各年龄鹅均易感，尤以幼鹅发病严重。该病一年四季均可发生，但以冬末春初发病最为严重。本病的主要传染源是正在发病或隐性感染的鹅或其他禽类。该病主要有水平传播和垂直传播两种传播方式。水平传播，病原体随病鹅或隐性感染鹅的呼吸道分泌物喷出，健康鹅经呼吸道感染本病。被污染的饲料和饮水也可传播本病。垂直传播，感染病原体的病鹅，特别是母鹅的卵巢、输卵管及公鹅的精液中含有霉形体，可通过交配传播。感染本病的母鹅可产出带病原体的种蛋，造成种蛋孵化率降低。孵出的雏鹅带有病原体，成为传染源。不同场地或鹅舍间主要通过人员、设备、苍蝇等媒介机械传播本病，或通过带入病鹅（禽）及隐性感染鹅（禽）引起接触性传播。

饲养密度过大、卫生条件差，舍内通风不良，氨气和二氧化碳浓度过高，舍内保温差或气温骤降，青绿饲料缺乏，精饲料维生素A含量不足时均可诱发本病。

【临床症状】单纯感染霉形体的鹅多为隐性经过，轻微的呼吸道症状几乎不被察觉，仅在晚上熄灯后听见一些喷嚏声。病鹅因上呼吸道黏膜发炎而出现浆液性或黏液性或浆液-黏液性鼻液，严重时炎性分泌物堵塞鼻孔。随病情发展，病鹅鼻窦发炎，有炎性渗出物，并使鼻孔后的皮肤向外侧肿胀，病鹅呼吸困难，张口呼吸、喘气。炎症蔓延至下呼吸道时引起气管炎，病鹅喘气声、气管啰音更为明显。前期有的病鹅鼻腔和腔下窦积有大量浓稠浆液或黏液，清除堵塞鼻孔的污物后，轻压腔下窦外胀起的皮肤，从鼻孔中流出大量浓稠液体。后期，腔下窦内渗出物因水分被吸收而变为干酪样或豆腐渣样。腔下窦内的固体物很难吸收，若不手术摘除，可导致化脓破溃。有的病鹅发生眼炎，眼睑极度肿胀，积有干酪样渗出物，严重者眼前房积脓，眼睛失明。病鹅食欲不振或不能采食，产蛋鹅产蛋量下降，淘汰率增加，肉鹅饲养期延长，饲料报酬率低。肉鹅发生气囊炎，使胴体等级降低。

【病理变化】鼻和眶下窦有轻度炎症，前期，内有大量浆液或黏液，后期，腔下窦内有干酪样固体物。气管和喉头有黏液状物。严重者，炎症波及肺和气囊。早期气囊膜浑浊、增厚，呈灰白色，不透明，常有黄色的液体，时间长者，则有干酪样物附着。眼部变化，严重者切开结膜可挤出黄色的干酪样凝块。

【实验室检查】平板凝集试验、血凝抑制试验、酶联免疫吸附试验等血清学检验。

【鉴别诊断】

1. 鹅慢性呼吸道病与鹅曲霉菌病的鉴别

［**相似点**］鹅慢性呼吸道病与鹅曲霉菌病均有呼吸困难，打喷嚏，鼻腔内有分泌物，结膜炎，产蛋率下降等

临床症状。

［**不同点**］鹅曲霉菌病是由曲霉菌所引起，幼雏多为急性爆发，常因饲料或褥草发霉，被曲霉菌污染；体温升高，呼吸时常发生特殊的沙哑声或呼哧声，病雏常出现腹泻；感染脑部就会引起霉菌性脑炎，出现神经症状，在肺上有粟粒大黄或灰白结节，培养可出现烟曲霉菌。气囊也有霉菌结节，有时形成霉斑。

鹅慢性呼吸道病典型症状是上呼吸道和其邻近黏膜发炎，出现浆液性或黏液性鼻漏，表现窦炎、结膜炎和气管炎及气囊炎。病变部位主要见于气管、气囊（胸腹部气囊混浊最为常见，严重时呈现纤维素性炎，气囊壁增厚水肿，后期囊壁上常附有黄白色干酪样物呈念珠状）、窦及肺等呼吸系统。

2. 鹅慢性呼吸道病与鹅衣原体病的鉴别

［**相似点**］鹅慢性呼吸道病与鹅衣原体病均有鼻孔流出浆液性等分泌物，气囊增厚，鼻和眶下窦发炎等临床表现。

［**不同点**］鹅衣原体病的病原是衣原体。病鹅排绿色水样稀粪，眼和鼻孔流出浆液性或脓性分泌物，眼睛周围羽毛上有分泌物干燥凝结成的痂块；肝脏和脾脏肿大以及肝周炎，肝脏和脾脏偶见有灰色或黄色的小坏死灶。

鹅慢性呼吸道病病鹅上呼吸道黏膜发炎而出现浆液性或黏液性或浆液-黏液性鼻液，严重时炎性分泌物堵塞鼻孔，呼吸困难，张口呼吸、喘气，有喘气声、气管啰音；气囊壁上出现干酪样渗出物，如珠状和碟状或成堆成块；气管和喉头有黏液状物。

【防制】

1. 预防措施

不从疫区购进鹅苗和鹅蛋。新购进的鸭鹅苗须单独饲养，并隔离观察 21 天；饲养密度适当，育雏期注意保温和通风。春初保持舍温稳定，防止鹅只受寒；饲喂全价日粮。在饲喂青料的基础上，适当补充维生素，特别是维生素 A，以增强机体抵抗力；实行全进全出的饲养制度。避免不同日龄的鸭鹅只混养；注意场地卫生，定期消毒；药物预防，定期在饲料中添加 0.065%～0.1%的土霉素，饲喂 5～7 天。

2. 发病后措施

许多种类的抗生素对败血霉形体感染具有一定疗效，其中包括林可霉素、螺旋霉素、壮观霉素、泰乐菌素、红霉素、氯霉素、金霉素、链霉素、土霉素等。使用抗生素类药物对本病治疗时，应注意早期投药，并注意环境卫生，改善饲养管理条件，以期获得较满意的疗效。在治疗过程中有康复病例，停药后，若有复发的现象，应再继续用药 3～5 天，以避免复发。

处方 1：隔离发病家禽，进行熏蒸消毒。每立方米鹅舍可用 10～15 毫升食用白醋熏蒸，以杀灭呼吸道内的霉形体，每天 1 次，连用 3 天；饮水中添加强力霉素，按 0.01%比例投饮或用泰乐菌素，按 0.05%投饮，二者最好交替应用，连用 3～5 天。

处方 2：速百治（药品名，有效成分为壮观霉素），用 20%水溶液，给病禽颈部皮下注射，每次 3～5 毫升，每天 2 次，连用 7 天为 1 疗程。对假定健康禽群用百病消饮水，每 2000 毫升饮水中加 10%百病消口服液 1 毫升，连用 3～5 天为 1 疗程。

处方 3：饲料中添加 0.13%～0.2%的土霉素，连续饲喂 5～7 天。

处方 4：重病家禽采取上述方法处理后，可配合注射链霉素，用量为 50～200 毫克/只，早晚各 1 次，连用 2 天。

第二章　鹅寄生虫病的类症鉴别诊断及防治

一、鹅球虫病

球虫病是一种常见的家禽原虫病。鸡、鸭、鹅都能感染本病。对幼禽的危害特别严重，爆发时可发生大批死亡。

【病原及生活史】鹅球虫有 15 种，分别属于两个属，即艾美耳属和泰泽属。其中以艾美耳球虫致病力最强，它寄生在肾小管上皮，使肾组织遭到严重破坏。3 周龄至 3 月龄的幼鹅最易感，常呈急性经过，病程 2～3 天，死亡率较高，其余 14 种球虫均寄生于肠道，它们的致病力变化很大，有些球虫种类（如鹅球虫）会引起严重发病，而另一些种类单独感染时，无危害，但混合感染时就会严重致病。

【流行病学】鹅肠球虫病主要发生于 2～11 周龄的幼鹅，临床上所见的病鹅最小的为 6 日龄，最大的为 73 日龄，以 3 周龄以下的鹅多见。常引起急性爆发，呈地方

性流行。发病率90%～100%，死亡率为10%～96%不等。通常是日龄小的发病严重、死亡率高。本病的发生与季节有一定的关系，鹅肠球虫病大多发生在5～8月的温暖潮湿的多雨季节。不同日龄的鹅均可发生感染，日龄较大的以及成年鹅的感染，常呈慢性或良性经过，成为带虫者和传染源。

【临床症状】急性者在发病后1～2天死亡。多数病鹅开始甩头，并有食物从口中甩出，口吐白沫，头颈下垂，站立不稳。腹泻，粪便带血呈红褐色，泄殖腔松弛，周围羽毛被粪便污染。病程长者，食欲减退，继而废绝，精神委顿，缩颈、翅下垂，落群，粪稀或有红色黏液，最后衰竭死亡。

【病理变化】患肾球虫病的病鹅，可见肾肿大，由正常的红褐色变为淡黄色或红色，有出血斑和针尖大小的灰白色病灶或条纹，于病灶中也可检出大量的球虫卵囊。胀满的肾小管中含有将要排出的卵囊、崩解的宿主细胞和尿酸盐，使其体积比正常的增大5～10倍。肠球虫病可见小肠肿胀，肠黏膜增厚，出血和糜烂。肠腔内充满红褐色的黏稠物，小肠的中段和下段可见到黏膜上有白色结节或糠麸样的伪膜覆盖。

【实验室检查】取伪膜压片镜检，可发现大量的球虫卵囊。

【鉴别诊断】

1. 雏鹅球虫病与雏鹅新型病毒性肠炎的鉴别

［**相似点**］雏鹅球虫病与雏鹅新型病毒性肠炎均有传染性，有精神沉郁、嗜睡，减食或废食，离群，拉红色

稀粪以及剖检可见肠道出血等病理变化。

[**不同点**] 新型病毒性肠炎是由新型腺病毒即A型腺病毒引起的，主要侵害40日龄以内的雏鹅，无季节性，是致死率高达90%以上的一种急性传染病。泄殖腔的周围常常沾满粪便。排出的粪便呈水样，其间夹杂黄绿色或灰白色黏液物质，个别因肠道出血严重，排出淡红色粪便。明显的病变表现为小肠外观膨大，比正常大1～2倍，内为包裹有淡黄色假膜的凝固性栓子。有栓塞物处的肠壁菲薄透明，无栓子的肠壁则严重出血。

鹅球虫病一般侵害3～12周的雏鹅和育成鹅，并集中于5～9月发病。患鹅粪便稀薄并常呈鲜红色或棕褐色，内含有脱落的肠黏膜。十二指肠到回盲瓣处的肠管扩张，腔内充满血液和脱落黏膜碎片，肠壁增厚，黏膜有大面积的充血区和弥漫性出血点，黏膜面粗糙不平。取病鹅粪便和病变较明显的小肠刮取物制片，直接或经染色后镜检，可见有多量球虫卵囊及裂殖子，即可诊断为鹅球虫病。

2. 鹅球虫病与小鹅瘟的鉴别

[**相似点**] 鹅球虫病与小鹅瘟均有传染性，有委顿、嗜睡，减食或废食，离群，拉稀粪，嗉囊含有液体，消瘦迅速等症状。剖检可见小肠有白色栓子。

[**不同点**] 小鹅瘟是由细小病毒引起的雏鹅与雏番鸭的一种急性或亚急性的高度致死性传染病。主要侵害20日龄以内的雏鹅，致死率高达90%以上，超过3周龄雏鹅仅少数发生，1月龄以上雏鹅基本不发生，发病一般无季节性。小鹅瘟严重腹泻（排灰白色或灰黄色的水样

稀粪，常为米浆样浑浊且带有气泡或有纤维状碎片，肛门周围绒毛被沾污）和有时出现神经症状，病变特征主要为渗出性肠炎，小肠黏膜表层大片坏死脱落，与渗出物凝成假膜状，形成栓子阻塞肠腔。

鹅球虫病一般侵害3～12周的雏鹅和育成鹅，并集中于5～9月发病。鹅球虫病患鹅粪便稀薄并常呈鲜红色或棕褐色，内含有脱落的肠黏膜。十二指肠到回盲瓣处的肠管扩张，腔内充满血液和脱落黏膜碎片，肠壁增厚，黏膜有大面积的充血区和弥漫性出血点，黏膜面粗糙不平。取病鹅粪便和病变较明显的小肠刮取物制片，直接或经染色后镜检，可见有多量球虫卵囊及裂殖子，即可诊断为鹅球虫病。

3. 鹅球虫病与禽出血性败血病的鉴别

［**相似点**］鹅球虫病与禽出血性败血病均有传染性，有委顿，闭目打盹，减食或废食，拉稀，离群以及肠道出血等病理变化。

［**不同点**］禽出血性败血病是由多杀性巴氏杆菌引起鸡、鸭、鹅等家禽发生的有高度发病率和死亡率的一种急性败血性传染病。急性病例严重下痢，粪便呈灰黄色或污绿色，严重时呼吸困难，张嘴伸脖，最后因麻痹虚脱而死亡。急性可转为慢性，病鹅长期拉稀，逐渐消瘦。特征性病变为心外膜和心冠脂肪有出血点。肝肿大、质脆，表面有灰白色针尖大小的坏死点等。

鹅球虫病有时嗉囊充满液体，稀粪先糊状后水样，严重时呈鲜红血粪，后期排腊肠样粪，表面呈灰、灰白或灰黄色。剖检可见球虫寄生部位黏膜脱落，形成坚硬白色肠芯。肠道组织或回肠切片验查，可见大量球虫裂殖体和卵囊。

【防制】

1. 预防措施

鹅舍应保持清洁干燥，定期清除粪便，定期消毒。在小鹅未产生免疫力之前，应避开含有大量卵囊的潮湿地区。氯苯胍按30～60毫克/千克混入饲料中连续服用，可以预防本病爆发。氨丙啉、球虫净或球痢灵，均按0.0125%浓度混入饲料，连续用药30～45天或交替用药可以预防球虫病的发生。

2. 发病后措施

处方1：氯苯胍按60～120毫克/千克饲料混喂，连续服用5～7天。

处方2：氨丙啉或球虫净或球痢灵0.025%混料，使用5～7天。

处方3：0.1%磺胺间甲氧嘧啶，混入饲料饲喂，连用4～5天，停3天，再用4～5天。或磺胺嘧啶，30～40毫克/千克体重，一次拌料喂服。

处方4：青霉素10万单位，一次肌内注射。

处方5：莫能霉素每千克饲料用70～80毫克，拌匀混饲。

二、鹅蛔虫病

鹅蛔虫病是由蛔虫寄生于鹅的小肠内引起的一种寄生虫病。幼鹅与成鹅都可感染，但以幼鹅表现为明显，可导致幼鹅出现生长发育迟缓、腹泻、贫血等症状，严重的可引起死亡。

【病原及生活史】鹅的蛔虫病是由鸡蛔虫所引起的。蛔虫属禽蛔科禽蛔属，是鹅体内最大的一种线虫，虫体为淡黄白色、豆芽梗样，表皮有横纹，头端较钝，有3个唇片，雌雄异体，雄虫长26～70毫米，雌虫长65～110毫米。蛔虫卵对寒冷的抵抗力很强，而对50℃以上的高温、干燥、直射阳光敏感。对常用消毒药有很强的抵抗力。在荫蔽潮湿的地方，虫卵可存活较长时间。在土壤中，感染性虫卵可存活6个月以上。

鹅蛔虫为直接发育型寄生虫，不需要中间宿主。成虫主要生活在鹅的小肠内，交配后，雌虫产的卵，随粪便一起排到外界。刚排出的虫卵没有感染力，如果外界的湿度和温度适宜，虫卵开始发育，经1～3周发育为一期幼虫，一期幼虫在卵内蜕皮，发育为二期幼虫，此时的虫卵具有感染性，称为感染性虫卵，鹅吃到这种感染期虫卵后就会发生感染。二期幼虫在腺胃或肌胃内脱壳而出，进入小肠，在小肠内蜕皮1次，发育为三期幼虫，这过程约需9天。以后幼虫钻进肠壁黏膜中，再蜕皮1次，发育为四期幼虫，此期间，常引起肠黏膜出血。到17天或18天时，四期幼虫重新回到小肠肠腔，蜕皮后变为五期幼虫，以后逐渐生长发育为成虫。从感染性虫卵侵入鹅体到发育成成虫，这一过程需要35～60天。

【流行病学】主要是雏鹅和幼鹅的感染，而且可以引起危害。成鹅感染的较少，而且多为隐性感染，但也有种鹅感染较严重的报道，感染强度达10条以上。环境卫生不佳，饲养管理不良，饲料中缺乏维生素A、B族维生素等，可使鹅感染蛔虫的可能性提高。

【临床症状】鹅感染蛔虫后表现的症状与鹅的日龄、感染虫体的数量、本身营养状况有关。轻度感染或成年鹅感染后，一般症状不明显。雏鹅发生蛔虫病后，可表现出生长不良，发育迟缓，精神沉郁，行动迟缓，羽毛松乱，食欲减退或异常，腹泻，逐渐消瘦，贫血等症状。严重的可引起死亡。

【病理变化】小肠黏膜发炎、出血，肠壁上有颗粒状脓灶或结节。严重感染者可见大量虫体聚集，相互缠结，引起肠阻塞，甚至肠破裂或腹膜炎。

【实验室诊断】采用饱和盐水浮集法漂浮粪便中的虫卵，载玻片蘸取后镜检，观察虫卵形态与数量。

【鉴别诊断】

1. 鹅蛔虫病与鹅绦虫病的鉴别

［**相似点**］鹅蛔虫病与鹅绦虫病均有感染性，吞食有感染性幼虫的中间宿主而感染发病，食欲不振，贫血，消瘦。

［**不同点**］鹅绦虫病病原为绦虫，有些还拉稀，粪中含有孕节、卵袋、卵子，剖检可在肠道（大部分在小肠）见到绦虫。

2. 鹅蛔虫病与禽吸虫病的鉴别

［**相似点**］鹅蛔虫病与鹅吸虫病均有感染性，吞食有感染性幼虫的中间宿主而发病，食欲不振，贫血，消瘦，粪检有虫卵。

［**不同点**］鹅吸虫病的病原为吸虫，中间宿主多为水生螺，严重感染时下痢，剖检可在寄生部位（大部分在肠道）见到虫体。

3. 鹅蛔虫病与鹅疟原虫病的鉴别

［**相似点**］鹅蛔虫病与鹅疟原虫病均有感染性，发病过程中有中间宿主和终宿主，食欲不振，贫血，消瘦。

［**不同点**］鹅疟原虫病的病原为鹅疟原虫。中间宿主为禽，终宿主为蚊，体温高，呼吸困难。采血涂片、染色镜检，可见到进入红细胞的滋养体。

【防制】

1. 预防措施

搞好日常环境卫生，及时清除粪便，堆积发酵，杀灭虫卵。定期预防性驱虫，每年2～3次。

2. 发病后措施

处方1：丙硫苯咪唑（抗蠕敏），按每千克体重20毫克的剂量1次投服。

处方2：左旋咪唑，20～30毫克/千克体重，一次口服。

处方3：驱蛔灵（柠檬酸哌酸）250毫克/千克体重（或500～1000毫克/只），一次拌料内服。

处方4：驱虫净（噻咪唑）40～60毫克/千克体重（或80～250毫克/只），一次拌料内服。

处方5：甲苯咪唑，每吨饲料添加30克，混匀后连喂7天。

三、异刺线虫病

异刺线虫病是由异刺属的鸡异刺线虫寄生于家禽盲肠中引起的。鸡、火鸡、鸭、鹅均可感染，我国各地均有发生。病鹅表现下痢，精神沉郁，消瘦，贫血等。

【病原及生活史】异刺线虫又称盲肠虫。成虫寄生在鸡、火鸡和鹅等家禽的盲肠内。本虫除可使家禽致病外，其虫卵还能携带组织滴虫，使禽发生盲肠肝炎。雄虫长7～13毫米，尾部有两根不等长的交合刺。雌虫长8～15毫米，呈黄白色。虫卵较小，随粪便排出体外，环境条件适宜时，继续发育，经7～14天变成感染性虫卵。此时被鹅吞食后，幼虫在肠管内破壳而出，进入盲肠并钻进黏膜中，2～5天重新回到盲肠腔内继续发育，24天变成成虫。虫卵对外界环境因素的抵抗力很强，在阴暗潮湿处可保持活力10个月，能耐干燥16～18天，但在干燥和阳光直射下很快死亡。

【临床症状】患鹅表现为食欲不振或废绝，贫血，下痢，消瘦，发育停滞，产蛋率下降，严重时可引起死亡。此外，异刺线虫还会传播盲肠肝炎。

【病理变化】盲肠有异刺线虫寄生时，一般无明显症状和病变。严重时可能引起黏膜损伤而出血，其代谢产物可使机体中毒。大量寄生时，盲肠黏膜肿胀并形成结节，有时甚至发生溃疡。

【实验室检查】采集病鹅粪便，用饱和盐水法检查粪便中的虫卵。

【鉴别诊断】异刺线虫病的鉴别诊断见鹅蛔虫病。

【防制】

1. 预防措施

搞好日常环境卫生，及时清除粪便，堆积发酵，杀灭虫卵。定期预防性驱虫，每年2～3次。

2. 发病后措施

处方 1：硫化二苯胺，对成虫效果较好，对未成熟的虫体无效，中雏使用剂量为 0.3～0.5 克/千克体重，成鹅用量为 0.5～1.0 克/千克体重，拌料饲喂。

处方 2：四氯化碳，2～3 月龄雏鹅 1 毫升，成鹅 1.5～2 毫升，注入泄殖腔或胶囊剂内服。

处方 3：吩噻嗪，按 0.5～1 克/千克体重做成丸剂投服，给药前绝食 6～12 小时。

处方 4：左旋咪唑，按 25～30 毫克/千克体重混饲或饮水。

处方 5：丙硫咪唑，按 40 毫克/千克体重口服。

四、毛细线虫病

家禽毛细线虫病是由毛细线虫科的线虫所引起的蠕虫病总称。鹅毛细线虫病是毛细线虫属的线虫寄生于鹅小肠前半部（也见于盲肠）所引起的。在少数情况下，还寄生于消化道的后半部。除此之外，寄生于鹅的盲肠、小肠或食道的线虫还有鸭毛细线虫、环形毛细线虫和膨尾毛细线虫等。

【病原及生活史】病原体是鹅毛细线虫，雄虫体长 9.2～15.2 毫米，雌虫体长 13.5～21.3 毫米。雄虫具有 1 根圆柱形的交合刺，其长度为 1.36～1.85 毫米，宽约为 0.01 毫升（在中部）。虫卵长为 0.050～0.058 毫米，宽为 0.025～0.030 毫米。成熟雌虫在寄生部位产卵，虫卵随禽粪便排到外界，直接型发育史的毛细线虫卵在外界环境中发育成感染性虫卵，其被禽类宿主吃入后，幼虫逸出，进入寄生部位黏膜内，约经 1 个月发育为成虫。

间接型发育史的毛细线虫卵被中间宿主蚯蚓吃入后，在其体内发育为感染性幼虫，禽啄食了带有感染性幼虫的蚯蚓后，蚯蚓被消化，幼虫释出并移行到寄生部位黏膜内，经 19～26 天发育为成虫。

【流行病学】一般情况下，在本病流行地区每年各季都能在鹅体内发现鹅毛细线虫。在气温较高的季节里，虫体数量较多；在气温较低的季节里，患鹅体内虫体数量较少。未发育的虫卵比已发育虫卵的抵抗力强，在外界可以长期保持活力。在干燥的土壤中，不利于鹅毛细线虫卵的发育和生存。

【临床症状】由各个不同种病原体所引起的毛细线虫病的经过和症状基本一致。轻度感染时，不出现明显的症状，在 1～3 月龄的幼鹅中发病较严重。严重感染的病例，表现食欲不振或废绝，大量饮水，精神萎靡，翅膀下垂，常离群独处，蜷缩在地面上或在鹅舍的角落里。消化紊乱后出现间歇性的下痢，而后呈稳定性的下痢。随着疾病的发展，下痢加剧，在排泄物中出现黏液。患鹅很快消瘦，生长停顿，发生贫血。由于虫体数量多，常引起机械性阻塞，分泌毒素而引起鹅慢性中毒。患鹅常由于极度消瘦，最后衰竭而死。

【病理变化】剖检可见小肠前段或十二指肠有细如毛发样的虫体，严重感染的病例可见大量虫体阻塞肠道，在虫体固定的地方，发现肠黏膜浮肿、充血、出血。由于营养不良，可见肝、肾缩小，尸体极度消瘦。在慢性病例中，可见肠浆膜周围结缔组织增生和肿胀，使整个肠管粘成团。

【实验室检查】 用2次离心法进行检查。配制饱和食盐溶液，在其中添加硫酸镁（在1升溶液内加200克）。在盛有水的玻璃杯内，调和3～5克粪便，直到获得稀薄稠度为止。把获得的混合物经过金属筛或者纱布过滤到离心管内，离心1～2分钟。由于毛细线虫的虫卵比水重，因此，离心后易沉于管底。离心后将上清液弃掉，加入硫酸镁的食盐溶液。搅匀后再离心1～2分钟，毛细线虫的虫卵便浮于溶液的表面。然后用金属环从液面取出液膜，放在载玻片上进行镜检。

【鉴别诊断】 鹅毛细线虫病的鉴别诊断见鹅蛔虫病。

【防制】

1. 预防措施

搞好日常环境卫生，及时清除粪便，堆积发酵，杀灭虫卵；消灭禽舍中的蚯蚓；定期预防性驱虫，每年2～3次。

2. 发病后措施

处方1：左旋咪唑，按每千克体重20～30毫克，一次内服。

处方2：甲苯咪唑，按每千克体重20～30毫克，一次内服。

处方3：甲氧啶，按每千克体重200毫克，用灭菌蒸馏水配成10%溶液，皮下注射。

处方4：越霉素A，按每千克体重35～40毫克，一次口服。或按0.05%～0.5%比例混入饲料，拌匀后连喂5～7天。

处方5：四咪唑，每千克体重40毫克，溶于水中饮服。

五、鹅裂口线虫病

鹅裂口线虫病是寄生于鹅肌胃内的一种常见寄生虫病，对鹅尤其是幼鹅危害较大，严重感染时，常引起大批死亡，是鹅的一种重要的寄生虫病。

【病原及生活史】 鹅裂口线虫属线虫纲圆形目毛圆科。虫体细长，微红，表面有横纹，口囊短而宽，底部有 3 个尖齿，雄虫长 10～17 毫米，宽 250～350 微米；雌虫长 12～24 毫米，阴门处宽 200～400 微米，虫体的两端均逐渐变细。卵壳薄，虫卵呈卵圆形，大小为（60～73）微米×(44～48)微米。虫卵随病鹅的粪便排出体外，在 28～30℃下，经 2 天在虫卵内形成幼虫，再经 5～6 天，幼虫从卵内孵出经 2 次脱皮，发育为感染幼虫。感染性幼虫能在水中游泳，爬到水草上，鹅吞食受感染性幼虫污染的食物、水草或水时而遭受感染，在牧场上感染性幼虫也可以通过鹅的皮肤引起感染（幼虫在牧场上能存活近 3 周）。皮肤感染时，幼虫经肺移行，幼虫在鹅体内约经 3 周发育为成虫，成虫的寿命为 3 个月。

【流行病学】 本病常发生于夏秋季节，主要发生于 2 月龄左右的幼鹅，幼鹅感染后发病较为严重，常引起衰弱死亡。成年鹅感染，多为慢性，一般呈良性经过，成为带虫者，我国不少省市均发生过本病，鹅群的感染率有的可高达 96.4％，常呈地方性流行。

【临床症状】 患病鹅精神委顿、羽毛松乱、无光泽、食欲不振、消瘦、生长发育缓慢、贫血、腹泻、严重者排出带有血黏液的粪便，常衰弱死亡。

【病理变化】病死鹅通常较瘦弱，眼球轻度下陷，皮肤及脚、蹼外皮干燥，剖检可见肌胃角质膜呈暗棕色或黑色，角质膜松弛易脱落，角质层下常见肌胃有出血斑或溃疡灶，幽门处黏膜坏死、脱落，常见虫体积聚，其周围的角质膜亦坏死脱落，肠道黏膜呈卡他性炎症，严重者内有多量暗红色血黏液。

【实验室检查】病死鹅肌胃角质层中发现虫体或粪检发现虫卵，即可确诊。

【鉴别诊断】鹅裂口线虫病的鉴别诊断见鹅蛔虫病。

【防制】

1. 预防措施

搞好日常环境卫生，及时清除粪便，堆积发酵，杀灭虫卵；在流行的牧场或地区，每年需进行2～3次预防性驱虫（一般在20～30日龄进行第1次，3～4月龄再驱1次）。

2. 发病后措施

处方1：丙硫咪唑，按25毫克/千克体重混饲，每天1次，连用2天。

处方2：甲苯咪唑，按每千克体重50毫克，内服，每天1次，连用2天。

处方3：四咪唑，每千克体重40～50毫升，一次内服，或0.01%浓度混饮，连用7天。

处方4：四氯化碳，20～30日龄鹅，每只1毫升；1～2月龄鹅，每只2毫升；2～3月龄鹅，每只3毫升；3～4月龄鹅，每只4毫升；5月龄以上5～10毫升。早晨空腹一次性口服。

六、支气管杯口线虫病

本病是由支气管杯口线虫寄生于鹅、鸭、野鹅、天鹅的支气管而引起的寄生虫病。

【病原及生活史】虫体呈红色，雌雄虫永呈交配状态，但结合不甚牢固，雄虫长8～12毫米、宽200～300微米，雌虫长16～30毫米、宽750～1500微米，虫卵大小为（68～90)微米×(43～60)微米。随粪排出的虫卵在外界19～24℃经10～12天发育为感染性幼虫，幼虫可直接感染宿主，禽也可吃入有感染性幼虫的蚯蚓而感染。进入体内的第三期幼虫是经过腹腔和气囊而达到肺，感染1～4天幼虫在肺部2次蜕皮，第6天后移行至气管，7天后雌雄虫交配在一起，13天后达到性成熟，此时在气管黏液中可发现虫卵。

【临床症状】家鹅发病率可达80%，病死率20%，病程延续5个月以上。鹅呈坐姿势，张口吸气、呼吸困难，每分钟60次，严重时出现呼吸障碍而死亡。病愈后生长受阻。

【鉴别诊断】

1. 支气管杯口线虫病与隐孢子虫病的鉴别

［**相似点**］支气管杯口线虫病与隐孢子虫病均有传染性，张口呼吸，呼吸困难。

［**不同点**］隐孢子虫病的病原为隐孢子虫。咳嗽，打喷嚏，鸭多在感染后11天死亡，鹅的病程也短，生前取气管黏液用白糖饱和溶液浮集卵囊，在1000倍显微镜下镜检可见卵囊内含有4个香蕉状的子孢子。

2. 支气管杯口线虫病与舟形嗜气管吸虫的鉴别

［**相似点**］支气管杯口线虫病与舟形嗜气管吸虫均有传染性，伸颈张口呼吸，可因窒息死亡。

［**不同点**］舟形嗜气管吸虫的病原为吸虫，吞食了含有包囊的中间宿主螺而发病，支气管大量寄生时咳嗽气喘，剖检时气管可见到卵圆形的吸虫。

【防制】见裂口线虫病。

七、鹅绦虫病

鹅绦虫病全称为鹅矛形剑带绦虫病，发生于放养在河、湖、沟、塘的小鹅和中龄鹅，当虫体大量积于肠道内时，可阻塞肠腔，破坏和影响鹅的消化吸收，并能吸收营养、分泌毒素，导致鹅只生长发育受阻和产蛋性能下降乃至发生大批死亡。主要表现为食欲减退、贫血、消瘦和下痢，生长发育不良。幼小鸭、鹅严重感染时常引起死亡

【病原及生活史】矛形剑带绦虫的成虫长达11～13厘米、宽18毫米。顶突上有8个钩排成单列。成虫寄生在鹅的小肠内。孕卵节片随禽粪排出到外界。孕卵节片崩解后，虫卵散出。虫卵如果落入水中，被剑水蚤吞食后，虫卵内的幼虫就会在其体内逐渐发育成为似囊尾蚴的剑水蚤。当鹅吃到了这种体内含有似囊尾蚴的剑水蚤，就发生感染。在鹅的消化道中，似囊尾蚴能吸着在小肠黏膜上并发育为成虫。

【流行病学】矛形剑带绦虫病主要危害数周到5月龄的鹅，感染严重时会表现出明显的全身性症状。青年、成年鹅也可感染，但症状一般较轻。多发生在秋季，患

鹅发育受阻，周龄内死亡率甚高（60%以上），带黏液性的粪便很臭，可见虫体节片。

【临床症状】患鹅首先出现消化机能障碍的症状，排出灰白色或淡绿色稀薄粪便，污染肛门四周羽毛，粪便中混有白色的绦虫节片，食欲减退。病程后期患鹅拒食，口渴增加，生长停顿，消瘦，精神萎靡，不喜活动，常离群独居，翅膀下垂，羽毛松乱。有时显现神经症状，运动失调，走路摇晃，两腿无力，向后面坐倒或突然向一侧跌倒，不能起立。发病后一般1～5天死亡。有时由于其他不良环境因素（如气候、温度等）的影响而使大批幼年患鹅突然死亡。

【病理变化】病死鹅血液稀薄如水，剖检可见肠黏膜肥厚，呈卡他性炎症，有出血点和米粒大、结节状溃疡，十二指肠和空肠内可见扁平、分节的虫体，有的肠段变粗、变硬，呈现阻塞状态。心外膜有明显出血点或斑纹。

【实验室检查】可根据粪便中观察到的虫体节片以及小肠前段的肠内虫判断。

【鉴别诊断】

1. 鹅绦虫病与鹅吸虫病的鉴别

[**相似点**] 鹅绦虫病与鹅吸虫病均有传染性，贫血，消瘦，下痢，有出血性肠炎。

[**不同点**] 鹅吸虫病病原为吸虫（柳叶状、球形等），中间宿主为淡水螺，粪检可见虫卵。虫体有吸盘，无头节、节片。

2. 鹅绦虫病与坏死性肠炎的鉴别

[**相似点**] 鹅绦虫病与坏死性肠炎均有传染性，沉

郁，食减或废绝，懒动，有神经症状，灰白色或黄绿色腹泻，污染肛门四周羽毛。

［**不同点**］坏死性肠炎的病原为魏氏梭菌，全身羽毛蓬乱，后期鹅站立不稳或瘫痪，头颈触地，病程多为1～2天。剖检，空肠、回肠黏膜出现坏死及溃疡灶，有的可融合成大的坏死斑，肠内容物呈棕褐色，上附着疏松或致密的黄色或灰绿色纤维素性假膜。肝脏肿大呈淡黄色，表面有散在的大小不一的黄白色坏死斑点，边缘或中心常有大片黄白色坏死区，脾脏充血出血、肿大、呈紫黑色，表面常有出血斑点。肠黏取物镜检可见革兰阳性、粗短、两端钝圆的大肠杆菌。

鹅绦虫病粪便中混有白色的绦虫节片，两腿无力，向后面坐倒或突然向一侧跌倒，不能起立，病程长。剖检可见肠黏膜肥厚，十二指肠和空肠内可见扁平、分节的虫体，有的肠段变粗、变硬，呈现阻塞状态。心外膜有明显出血点或斑纹。

3. 鹅绦虫病与鹅线虫病的鉴别

［**相似点**］鹅绦虫病与鹅线虫病均有传染性，吞食有感染性的中间宿主发病，为终宿主，食欲不振，贫血，消瘦。

［**不同点**］鹅线虫病病原为线虫，粪检可见虫卵，除环形膨尾线虫严重感染时有肠炎外，其他不表现肠炎，仅在解剖检时可见嗉囊、食道、肌胃受到损伤并发现虫体。

【防制】

1. 预防措施

（1）严格饲养管理　雏鸭与成鸭分开饲养，3月龄内雏鸭最好实行舍饲，特别是不应到不流动、小而浅的死水域去放牧（因为这种水域利于中间宿主剑水蚤的滋生）；注意鹅群驱虫前，应绝食12小时，投药时间宜在清晨进行，鹅粪应收集堆积发酵处理，以防散播病原。

（2）定期驱虫　每年对鹅群定期进行2次驱虫，一次在春季鹅群下水前，一次在秋季终止放牧后。平时发现虫体，随时驱虫。驱虫办法如下：氢溴酸槟榔碱，配成0.1%的水溶液，一次灌服，每千克体重用药1～2毫克；或槟榔100克，石榴皮100克，加水至1000毫升，煎成800毫升。内服剂量：20日龄雏鹅1.2毫升，30～40日龄雏鹅1.8～2.3毫升，成鹅4～5毫升，拌料，连喂2次，1日1次。

2. 发病后措施

由于绦虫的头牢固地吸附在肠壁上，往往后面的节片已被驱出，而头节还没有驱出，经过2～3周，又重新长出节片变成一条完整的绦虫。所以第1次喂药后，隔2～3周再驱虫1次，才能达到彻底驱除绦虫的效果。其粪便须经堆积发酵腐熟杀死虫卵后才作肥料，以对病死鸭鹅采用深埋处理，减少二次感染的机会。治疗原则是“急则治其标，缓则治其本”。

处方1：阿苯达唑，25毫克/千克体重，复方新诺明，250毫克/每只，每天1次，连用2次。黄连解毒散，按500克拌料200千克的量使用，每天2次，连用3天。

处方2：吡喹酮，每千克体重10～15毫克内服，本药效果较好。

处方3：氯硝柳胺（灭滴灵），按60～150毫克/千克体重，一次口服。

处方4：硫双二氯酚，每千克体重用药90～110毫克，把药片磨细后加水稀释，用胶头滴管灌入食道或与精饲料拌匀，于早晨喂饲料后喂服。

处方5：丙硫咪唑，按20～30毫克/千克体重，一次口服。

处方6：将南瓜子煮沸1小时后，取出脱脂晒干研成粉末，本法常用于鹅，每只取南瓜粉25～50克拌料饲喂。

注：与大肠杆菌混合感染时，上述处方可配合中药（黄连解毒汤与白头翁汤加减）治疗。方剂：黄连45克、黄芩45克、黄柏45克、白头翁45克、栀子50克、苦参50克、龙胆草45克、郁金35克、甘草40克，水煎服，以上为200只成年鸭一天的用量。有条件的可根据药敏试验选择用药，力争把损失控制在最小范围之内。对有病毒感染的可配合使用生物干扰素（黄芪多糖）每瓶5克拌料10千克，每天2次，连用3天。

八、鹅嗜眼吸虫病

鹅嗜眼吸虫是寄生在鹅眼结膜上的一种外寄生虫病，能引起鹅（鸭也能感染）的眼结膜、角膜水肿发炎。流行地区的鹅群致病率平均为35%左右。

【病原及生活史】病原常见的种类为涉禽嗜眼吸虫。新鲜虫体呈微黄色，外形似矛头状、半透明。虫体大小为(3～8.4)毫米×(0.7～2.1)毫米，腹吸盘大于口吸盘，生殖孔开口于腹吸盘和口吸盘之间，雄精囊细长，睾丸呈前后排列，卵巢位于睾丸之前，卵黄腺呈管状，位于虫体中央两侧，腹吸盘后至睾丸前充满盘曲的子宫，子宫内虫卵都含有发育完全的毛蚴。

虫体寄生于眼结膜囊内，虫卵随眼分泌物排出，遇水立即孵化出毛蚴，毛蚴进入适宜的螺蛳体内，经发育后形成尾蚴，从毛蚴发育为尾蚴约需3个月的时间。尾蚴主动地从螺蛳体内逸出，可以在螺蛳外壳的体表或任何一种固体物的表面形成囊蚴。当含有囊蚴的螺等被禽类吞食后即被感染，囊蚴在口腔和食道内脱囊逸出童虫，在5天内经鼻泪管移行到结膜囊内，约经1个月发育成熟。

【流行病学】 禽嗜眼吸虫可寄生于各种不同种类的禽类，鹅、鸡、火鸡、孔雀等是本虫常见的宿主。但临床上主要见于鹅、鸭，以散养的成年鹅、鸭多见。

【临床症状】 散养的成年鹅和鸭多见。早期病鹅症状不明显，仅见畏光流泪，食欲降低，时有摇头弯颈，用脚搔眼动作。观察鹅眼睛，可见眼睑水肿，眼部见有黄豆大隆起的泡状物，结膜呈网状充血，有出血点。少数严重病鹅可见角膜混浊溃疡，并有黄色块状坏死物突出于眼睑之外。虫体多数吸附于近内眼角瞬膜处。病鹅左右眼内虫体寄生多的有30余条，平均有7～8条。日久可见病鹅精神沉郁，消瘦，种鹅产蛋减少，最后失明，或并发其他疾病死亡。

【病理变化】 剖检病变与上述的临床症状描述眼部变化相同，另外可以在眼角内的瞬膜处发现虫体，而内脏器官未见明显病变。

【实验室检查】 从眼内挑取可疑物，置载玻片上，滴加生理盐水1滴，压片，置10×10显微镜下检查，如发现淡黄色、半透明与嗜眼吸虫一致的虫体，即可确诊。

【鉴别诊断】

1. 鹅嗜眼吸虫病与衣原体病鉴别

［**相似点**］鹅嗜眼吸虫病与衣原体病均有精神沉郁，食欲降低和眼部病变。

［**不同点**］鹅衣原体病的病原是衣原体。病鹅排绿色水样稀粪，眼和鼻孔流出浆液性或脓性分泌物，眼睛周围羽毛上有分泌物干燥凝结成的痂块。肝脏和脾脏偶见有灰色或黄色的小坏死灶。

鹅嗜眼吸虫病眼睑水肿，眼部见有黄豆大隆起的泡状物，结膜呈网状充血，有出血点。虫体多数吸附于近内眼角瞬膜处。病鹅左右眼内虫体寄生多的有30余条，平均有7～8条。

2. 鹅嗜眼吸虫病与维生素A缺乏症的鉴别

［**相似点**］鹅嗜眼吸虫病与维生素A缺乏症均表现眼流泪。

［**不同点**］维生素A缺乏症的病因是维生素A的缺乏。病鹅生长发育停滞，消瘦，羽毛松乱，无光泽，运动无力，两脚瘫痪，眼流泪，上下眼睑粘连，眼发干，形成一干眼圈，角膜混浊不清，眼球凹陷，双目失明。患鹅可见眼结膜囊内有大量干酪样渗出物，眼球萎缩凹陷。口腔和食道黏膜发炎，有散在的白色坏死灶。肾小管内蓄积大量尿酸盐。此外，在心脏、心包、肝脏和脾脏表面也可见尿酸盐的沉积。

鹅嗜眼吸虫病，眼睑水肿，眼部见有黄豆大隆起的泡状物，结膜呈网状充血，有出血点。虫体多数吸附于近内眼角瞬膜处。病鹅左右眼内虫体寄生多的有30余条，平均有 7～8 条。

3. 鹅嗜眼吸虫病与禽霍乱的鉴别

［**相似点**］鹅嗜眼吸虫病与禽霍乱均有食欲降低，眼结膜充血的临床表现。

［**不同点**］禽霍乱病原是多杀性巴氏杆菌。发病后全身症状表现明显，如精神委顿，呼吸困难，排出腥臭的白色或铜绿色稀粪（有的粪便混有血液），喉头有黏稠的分泌物，喙和蹼发紫等；鹅嗜眼吸虫病全身病症不明显，眼睑水肿，眼部见有黄豆大隆起的泡状物。病鹅左右眼内有虫体寄生。

4. 鹅嗜眼吸虫病与禽眼线虫病的鉴别

［**相似点**］鹅嗜眼吸虫病与禽眼线虫病均有眼部病变。

［**不同点**］禽眼线虫病的病原为孟氏尖旋腺虫，寄生于禽的瞬膜下，或见于鼻窦。随着虫体寄生数量的多少症状可表现为结膜炎或严重的眼炎，也可能因继发微生物感染造成失明和眼球的完全破坏。

【防制】

1. 预防措施

禁止在本病流行地区的水域中放鸭鹅，若将水生作物（或螺蛳）作为饲料饲喂时应事先进行灭囊处理。

2. 发病后措施

75％酒精滴眼。由助手将鹅体及头固定，自己左手固定鹅的头，右手用钝头金属细棒或眼科玻璃棒插入眼膜，向内眼角方向拨开瞬膜（俗称“内衣”），用药棉吸干泪液后，立即滴入 75％酒精 4～6 滴。用此法滴眼驱虫，

操作简便，可使病鹅症状很快消失，驱虫率可达100%。

九、前殖吸虫病

前殖吸虫病是由前殖科前殖属的多种吸虫寄生于鸡、鸭、鹅等禽、鸟类的直肠、泄殖腔、腔上囊和输卵管内引起的，常导致母禽产蛋异常，甚至死亡。

【病原及生活史】透明前殖吸虫属前殖科、前殖属。虫体呈梨形，前端稍尖，后端钝圆，大小为（6.5～8.2）毫米×(2.5～4.2)毫米，体表前半部有小刺。口吸盘近似圆形，腹吸盘呈圆形，两者大小几乎相等，睾丸呈卵圆形，不分叶，位于虫体中央的两侧，左右并列，二者几乎相等大小，雄茎囊弯曲于口吸盘与食道的左侧，生殖孔开口吸盘的左上方。卵巢多分叶，位于两睾丸前缘与腹吸盘之间。子宫盘曲于腹吸盘与睾丸后的空隙中。卵黄腺的分布始于腹吸盘后缘的体两侧，后端终于睾丸之后。虫卵呈深褐色，大小为（26～32)毫米×(10～15)毫米，一端有卵盖，另一端有小刺。

前殖吸虫生活过程中需要两个以上的中间宿主，第一中间宿主为多种淡水螺蛳，第二中间宿主为蜻蜓的幼虫或稚虫。成虫在鹅的输卵管和腔上囊内产卵，虫卵随粪便或排泄物排出体外，进入水中被淡水螺蛳吞食，即在其肠内孵出毛蚴，再钻入螺蛳肝脏内发育成胞蚴和尾蚴（无雷蚴期），成熟的尾蚴离开螺体，进入水中，遇到第二中间宿主蜻蜓幼虫或稚虫钻入其腹肌内发育为囊蚴。鹅啄食蜻蜓或其幼虫即被感染，囊蚴进入家禽消化道后，囊壁消化，游离的童虫经肠道下行移至泄殖腔，然后进入腔上囊或输卵管内，经1～2周发育成虫。

【流行病学】本病常呈地方性流行，分布于全国各地，但以华东、华南地区较为多见，以春、夏两季较为流行，各种年龄的鹅均可发生感染，但以产蛋母鹅发病严重。本病除感染鸭、鹅外，鸡和野鸭及其他多种野鸟均可发生感染，其中产蛋鸡发病最为严重。

【临床症状】感染初期，患禽外观正常，但蛋壳粗糙或产薄壳蛋、软壳蛋、无壳蛋，或仅排蛋黄或少量蛋清，继而患禽食欲下降，消瘦，精神萎靡，蹲卧墙角，滞留空巢，或排乳白色石灰水样液体，有的腹部膨大，步态不稳，两腿叉开，肛门潮红、突出，泄殖腔周围沾满污物，严重者因输卵管破坏，导致泛发性腹膜炎而死亡。

【病理变化】输卵管发炎，黏膜充血、出血，极度增厚，后期输卵管壁变薄甚至破裂。腹腔内有大量浑浊的黄色渗出液或脓样物，并可查到虫体。

【实验室检查】粪便中检出虫卵。

【鉴别诊断】

前殖吸虫病与钙磷缺乏症或比例失调的鉴别

［**相似点**］前殖吸虫病与钙磷缺乏症均有产蛋下降，产薄壳蛋、软壳蛋等临床表现。

［**不同点**］钙磷缺乏症或比例失调出现肋骨、胸骨变形，关节肿大，跛行。剖检可见骨质变薄而易折断。

【防制】

1. 预防措施

勤清除粪便，堆积发酵，杀灭虫卵，避免活虫卵进入水中；圈养家禽，防止吃入蜻蜓及其幼虫；及时治疗

病禽，每年春、秋两季有计划地进行预防性驱虫。

2. 发病后的措施

处方1：六氯乙烷，以每千克体重200～300毫克，混入饲料中喂给，每天1次，连用3天。或六氯乙烷粉剂，每只按200～500毫克的剂量，制成混悬液拌于少量精料中喂鹅，连续3天。

处方2：丙硫苯咪唑（抗蠕敏），每千克体重80～100毫克，一次内服。

处方3：吡喹酮，每千克体重30～50毫克，一次内服。

十、舟形嗜气管吸虫病

本病是由舟形嗜气管吸虫寄生于鸡、鸭、鹅气管、支气管气囊和眶下窦的一种寄生虫病。

【病原及生活史】 舟形嗜气管吸虫呈卵圆形，大小为(6～12)毫米×3毫米，口在前端，无肌质吸盘围绕，无腹吸盘，虫卵大小为（0.096～0.132)毫米×(0.050～0.068)毫米，刚排出的虫卵内含毛蚴，毛蚴孵出后钻入中间宿主螺蛳体内，无尾的蚴在螺体内形成包囊，禽类吞食含囊蚴的螺蛳后被感染。

【临床症状】 致病性轻度感染不显症状，当气管被大量寄生时，咳嗽，气喘，伸颈张口呼吸，可因窒息死亡。

【鉴别诊断】

1. 舟形嗜气管吸虫病与禽曲霉菌病的鉴别

[**相似点**] 舟形嗜气管吸虫病与禽曲霉菌病均有传染性，喘气，伸颈张口呼吸。

[**不同点**] 禽曲霉菌病的病原为曲霉菌，吃了有曲霉

菌的饲料而发病，呼吸有“沙沙”声，闭目昏睡，约有5%发生曲霉菌眼炎。结膜潮红，眼睑肿大。剖检肺有灰白、黄白色、粟大至豆大的霉性结节，挑出内容物加盖玻片可见霉菌的菌丝。

2. 舟形嗜气管吸虫病与禽线虫（支气管杯口线虫、气管比翼线虫）病的鉴别

［**相似点**］舟形嗜气管吸虫病与禽线虫（支气管杯口线虫、气管比翼线虫）病均有传染性，伸颈张口呼吸，可因窒息死亡。

［**不同点**］禽线虫（支气管杯口线虫、气管比翼线虫）病的病原为线虫，不咳嗽，不因吃螺而发病，剖检气管可见虫体。

【防制】在发病地区应注意灭螺，并将粪堆积发酵灭虫卵，病禽用药治疗。用0.2%碘溶液气管注入，每只成鹅1.5毫升。同时用0.2%土霉素溶液饮服（5天剖检虫体死亡率100%）；或用吡喹酮每千克体重20毫克拌料喂服，连用2次，效果很好。

十一、隐孢子虫病

禽隐孢子虫病是由隐孢子虫科隐孢子虫属的贝氏隐孢子虫寄生于家禽的呼吸系统、消化道、法氏囊和泄殖腔内所引起的一种原虫病。

【病原及生活史】贝氏隐孢子虫的卵囊大多为椭圆形，部分为卵圆形和球形，（4.5～7.0）微米×（4.0～6.5）微米，卵囊壁薄，单层，光滑，无色；无卵膜孔和极粒。孢子化卵囊内含4个裸露的子孢子和1个较大的

残体，子孢子呈香蕉形，(5.7～6.0)微米×(1.0～1.43)微米，无折光球，子孢子沿着卵囊壁纵向排列在残体表面；残体球形或椭圆形，(3.11～3.56)微米×(2.67～3.38)微米，中央为均匀物质组成的折光球，约2.14微米×1.79微米，外周有1～2圈致密颗粒，颗粒直径0.36～0.46微米。在不同的介质，卵囊的颜色有变化，在蔗糖溶液中，卵囊呈粉红色，在硫酸镁溶液中无色。

隐孢子虫的发育可分为裂体生殖、配子生殖和孢子生殖3个阶段。孢子化的卵囊随受感染的宿主粪便排出，通过污染的环境，包括食物和饮水，卵囊被禽吞食。亦可经呼吸道感染。在禽的胃肠道或呼吸道，子孢子从卵囊脱囊逸出，进入呼吸道和法氏囊上皮细胞的刷状缘或表面膜下，经无性裂体生殖，形成Ⅰ型裂殖体，其内含有6个或8个裂殖子。Ⅰ型裂殖体裂解后，各裂殖子再进行裂体生殖，产生Ⅱ型裂殖体，其内含有4个裂殖子。从Ⅱ型裂殖体裂解出来的裂殖子分别发育为大、小配子体，小配子体再分裂成16个没有鞭毛的小配子。大小配子结合形成合子，由合子形成薄壁型和厚壁型两种卵囊，在宿主体内行孢子生殖后，各含4个孢子和1团残体。薄壁型卵囊囊壁破裂释放出子孢子，在宿主体内行自身感染；厚壁型卵囊则随宿主的粪便排出体外，可直接感染新的宿主。

【流行病学】隐孢子虫病呈世界性分布，隐孢子虫是一种多宿主寄生原虫。在我国发现于鸡、鸭、鹅、火鸡、鹌鹑、孔雀、鸽、麻雀、鹦鹉、金丝雀等鸟禽类体内。除薄型卵囊在宿主体内引起自身感染外，主要感染方式是发病的鸟禽类和隐性带虫者粪便中的卵囊污染了禽的饲料、饮水等经消化道感染，此外亦可经呼吸道感染。发病无明显季节性，但以温暖多雨的8～9月多发，在卫生条件较差的地区容易流行。

【临床症状】病禽精神沉郁，缩头呆立，眼半闭，翅下垂，食欲减退或废绝，张口呼吸，咳嗽，严重的呼吸困难，发出“咯咯”的呼吸音，眼睛有浆液性分泌物，腹泻，便血。人工感染严重发病者可在2～3天后死亡，死亡率可达50.8%。

【病理变化】泄殖腔、法氏囊及呼吸道黏膜上皮水肿，肺腹侧坏死，气囊增厚，混浊，呈云雾状外观。双侧眶下窦内含黄色液体。

【实验室检查】可采用卵囊检查及病理组织学诊断。卵囊检查常用饱和蔗糖溶液漂浮法：取新鲜禽粪，加10倍体积的常水，浸泡5分钟充分搅匀，用铜网过滤，取滤液3000转/分钟离心10分钟，弃去上清液，加蔗糖漂浮液（蔗糖454克，蒸馏水355毫升，石炭酸6.7毫升），充分混匀，3000转/分离心10分钟，用细铁丝圈蘸取表层漂浮液，在400～1000倍光镜下检查。或用饱和食盐水作漂浮液。亦可采肠黏膜刮取物或粪便作涂片，用姬氏液或碳酸品红液染色镜检；病理组织学诊断取气管、支气管、法氏囊或肠道作病理组织学切片，在黏膜表面发现大小不一的虫体可确诊。

【鉴别诊断】

1. 隐孢子虫病与禽巴氏杆菌病鉴别

［**相似点**］隐孢子虫病与禽巴氏杆菌病均有传染性，

精神委顿，缩颈闭目，翅下垂，呼吸迫促，饮食废绝。

［**不同点**］禽巴氏杆菌病病原为巴氏杆菌，口鼻有泡沫黏液，常有剧烈腹泻，冠髯紫黑水肿。剖检可见皮下组织、肠系膜、黏膜浆膜均有出血点，胸腹腔、气囊、肠系膜有纤维素性或干酪样渗出物。病料涂片、染色镜检可见两极着色的卵圆形短杆菌。

隐孢子虫病肺腹侧充血严重，切面渗出液增多。气囊呈云雾状。生前收集呼吸道黏液，用饱和食用白糖溶液将卵囊浮集起来，镜检可见卵囊。

2. 隐孢子虫病与禽曲霉菌病鉴别

［**相似点**］隐孢子虫病与禽曲霉菌病均有传染性，精神不振，闭目，翅下垂，打喷嚏，减食或废食，伸颈张口呼吸。

［**不同点**］禽曲霉菌病的病原为曲霉菌，喘气，用耳倾听呼吸有“沙沙”声，眼睑肿胀，剖检肺气囊有黄白或灰白色霉菌结节，用针刺破取结节内容物涂片，加苛性钾后镜检可见曲霉菌的菌丝。气囊、支气管的病变镜检可见到分隔菌丝特性的分生孢子柄和孢子。

3. 隐孢子虫病与禽线虫（气管比翼线虫）病鉴别

［**相似点**］隐孢子虫病与禽线虫（气管比翼线虫）病有传染性，鹅伸颈张口呼吸。剖检气管有较多泡沫液体。

［**不同点**］禽线虫的病原为气管比翼线虫，口内充满泡沫液体，头颈不断甩动。剖检喉头可见叉子形虫体。

【防制】

1. 预防措施

应加强饲养管理和环境卫生，成年禽与雏禽分群饲

养。饲养场地和用具等应经常用热水或5%氨水或10%福尔马林消毒。粪便污物定期清除，进行堆积发酵处理。

2. 发病后的措施

目前没有有效的抗贝氏隐孢子虫的药物，据报道百球清在推荐的浓度下，治疗有效率达52%。对本病的临床治疗尚可采用对症治疗。

十二、住白细胞虫病

住白细胞虫病又名住白虫病、白细胞孢子病或嗜白细胞体病，它是由西氏住白细胞原虫侵入鹅只血液和内脏器官的组织细胞而引起的一种原虫病。

【病原及生活史】病原为西氏住白细胞虫。西氏住白细胞虫的发育史中需要吸血昆虫——库蠓或蚋作为中间宿主。这种虫在鹅的内脏器官（肝、脾、肺、心等）内进行裂殖生殖，产生裂殖子和多核体。一些裂殖子进入肝的实质细胞，进行新的裂殖生殖；另一些则进入淋巴细胞和白细胞并发育为配子体。这时的白细胞呈纺锤形，当吸血昆虫——蚋叮咬鹅只吸血时，同时也吸进配子体。西氏住白细胞虫的孢子生殖在蚋体内经3～4天完成发育。大配子体受精后发育成合子，继而成为动合子，在蚋的胃内形成卵囊，产生子孢子。子孢子从卵囊逸出后，进入蚋的唾液腺，当蚋再叮咬健康的鹅时，传播子孢子，使鹅致病。

【流行病学】本病的发病、流行与库蠓或蚋等吸血昆虫的活动规律有关，发病高峰都在库蠓和蚋大量出现的夏、秋季节。各日龄的鸭鹅都能感染，但幼禽和青年禽

的易感性最强，发病也最严重。

【临床症状】雏鸭鹅发病后，精神委顿，体温升高，食欲消失，渴欲增加，流涎；体重下降，贫血，下痢呈淡黄色；两肢轻瘫，走路不稳，全身衰弱，常伏卧地上；呼吸急促，流鼻液和流泪，眼睑粘连；成年鹅感染后呈慢性经过，表现为不安和消瘦。

【病理变化】病死鹅消瘦，肌肉苍白，肝、脾肿大，呈淡黄色；消化道黏膜充血，心包积液，心肌松弛苍白，全身皮下、肌肉有大小不等出血点，并有灰白色的针尖至粟粒大小结节；腺胃、肌胃、肺、肾等黏膜有出血点。

【实验室检查】采取病禽血液涂片，姬姆萨染色，镜检查找虫体或从内脏、肌肉上采取小的结节，压片镜检找虫体，亦可做组织切片查找虫体。

【鉴别诊断】

1. 住白细胞虫病与禽链球菌病的鉴别

［**相似点**］住白细胞虫病与禽链球菌病均有传染性，委顿，食欲不振，冠苍白，下痢、粪呈绿色，轻瘫跛行，成年鹅产蛋量下降。

［**不同点**］禽链球菌病的病原为链球菌，嗜眠，冠有时紫，髯水肿，腹泻、粪灰黄或灰绿。亚急性部分脚底组织坏死。剖检可见皮下浆膜水肿，心包、腹腔有出血性浆液性纤维素性渗出物，心冠状沟、心外膜有出血点，肝、脾有出血坏死点，肺瘀血或水肿，有慢性关节炎、腱鞘炎。将肝、脾、血液、皮下渗出液涂片，用美蓝、瑞氏或革兰染色镜检，可见蓝、紫色或革兰阳性的单个或短链排列的球菌。

住白细胞虫病全身皮下、肌肉有大小不等出血点，并有灰白色的针尖至粟粒大小结节。

2. 住白细胞虫病与禽衣原体病的鉴别

［**相似点**］住白细胞虫病与禽衣原体病均有传染性，精神不振，眼半闭，冠苍白，下痢、粪绿色，消瘦。剖检可见内脏有坏死点。

［**不同点**］禽衣原体病的病原为衣原体。缩颈，头掩于翅下，鼻、眼有分泌物，呼吸困难，眼睑、下颌水肿。剖检可见头肿处皮下黄色胶样浸润，眶下窦有干酪样物，气囊壁厚、内有纤维素性液。将肝、脾、心包压片，用姬姆萨染色衣原体呈紫色。

【防制】

1. 预防措施

（1）消灭中间宿主　在住白细胞虫流行的地区和季节，应首先消灭其媒介者——吸血昆虫库蠓和蚋，方法可用0.2%敌百虫溶液在鹅舍内和周围环境喷洒，也可用0.1%的溴氰菊酯溶液。保持鹅舍的卫生、通风和干燥。禁止将幼雏与成禽混群饲养。并在饲料中添加预防药物。

（2）药物预防　预防用药应在病流行前，可选用磺胺二甲氧嘧啶混料或饮水；磺胺喹噁啉混料或饮水；乙胺嘧啶 0.0001%混料；克球粉 0.0125%混料；氯苯胍 0.0033%混料。

2. 发病后的措施

处方 1：磺胺二甲氧嘧啶 0.05%饮水 2 天，再以 0.03%饮水 2 天。

处方 2：乙胺嘧啶 0.0005% 混料 3 天。

处方 3：氯苯胍 0.0066% 混料或用 0.01% 泰灭净钠粉剂饮水 3 天，然后改用 0.001% 浓度连用 2 周，效果较好。

十三、鹅虱

鹅虱是常见的体表寄生虫，寄生在鹅的头部和体部羽毛上，以食羽毛和皮屑为生，也吞食皮肤损伤部位外流的血液。寄生严重时，鹅奇痒不安，羽毛脱落，食欲不振，产蛋量下降，影响母鹅抱窝孵化，甚至衰弱消瘦死亡。

【病原及生活史】鹅虱是鹅的一种体表寄生虫，体形很小，分为头、胸、腹 3 部分。鹅虱的全部生活史离不开鹅的体表。鹅虱产的卵常集合成块，粘着在羽毛的基部，依靠鹅的体温孵化，经 5～8 天变成幼虱，在 2～3 周内经过几次蜕皮而发育为成虫。

【流行病学】传播方式主要是鹅的直接接触传染，一年四季均可发生，冬春季较严重。

【临床症状】鹅虱吞噬鹅羽毛的皮屑。虽不引起鹅死亡，但可使鹅体奇痒不安，羽毛脱落，有时甚至使鹅毛脱光，民间称之“鬼拔毛”。鹅只表现不安，影响母鹅产蛋率，抵抗力有所降低，体重减轻。

【防制】

1. 预防措施

对新引进的种鹅必须检疫，如发现有鹅虱寄生，应先隔离治疗，愈后才能混群饲养。灭鹅虱的同时，应在鹅舍、用具垫料、场地进行灭虱消毒，以求彻底消除隐患。在鹅虱流行的养鹅场，栏舍、饲具等应彻底消毒。

可用0.5%杀螟松和0.2%敌敌畏合剂，或以0.03%除虫菊酯和0.3%敌敌畏合剂进行喷洒。

2. 发病后的措施

灭鹅虱同时，应在鹅舍、用具垫料、场地进行灭虱消毒，以求彻底消除隐患。

处方1：内服灭虫灵（阿维菌素），鹅每千克体重一次内服0.1～0.3克，15～20天再服1次，灭虱效果很好。

处方2：0.2%敌百虫或0.3%杀灭菊酯晚上喷洒到鹅体羽毛表面，当虱夜间从羽毛中外出活动时沾上药物即被杀死，对于颊白羽虱可用0.1%敌百虫滴入鹅外耳道，涂擦于鹅颈部，羽翼下面杀灭鹅虱。

处方3：虱癞灵（含12.5%双甲咪乳油）配成500毫克/千克溶液（即在1000毫升开水中加4毫升12.5%的双甲咪充分搅拌，使之成乳白色液体）在鹅体及圈舍、场地喷雾功喷洒，杀灭虱的效果很好，但不宜药浴。

第三章　鹅营养代谢病的类症鉴别诊断及防治

一、脂肪肝综合征

脂肪肝综合征又称脂肝病，是由于鹅体内脂肪代谢障碍，大量的脂肪沉积于肝脏，引起肝脏脂肪变性的一种内科疾病。本病多发生于寒冷的冬季和早春。主要见于产蛋鹅群。

【病因】

1. 饲料单一，营养不全

鹅群长期饲喂碳水化合物过高的口粮，缺乏青绿饲料，饲料种类单一等，同时饲料中蛋氨酸、胆碱、生物素、维生素 E、肌醇等中性脂肪合成膦酯所必需的因子不足，造成大量的脂肪沉积于肝脏而产生脂肪变性。

2. 缺乏运动或运动少

活动量不足容易使脂肪在体内沉积，往往也是诱发本病的重要因素。

3. 毒素和疾病

某些传染病和黄曲霉毒素等也可能引起肝脏脂肪变性。

4. 肥肝生产

进行肥肝生产时，出现脂肪肝，但这是生产的目的。

【临床症状】发病鹅群营养良好，产蛋率不高，病鹅无特征性临床症状而急性死亡。

【病理变化】可见皮肤、肌肉苍白、贫血，肝脏肿大，色泽变黄，质地较脆，有时表面有散在的出血斑点，常见肝包膜下（一侧肝叶多见）或体腔中有大量的血凝块，腹腔和肠系膜有大量的脂肪组织沉着。若并发副伤寒病例，可见肝脏表面有散在的坏死灶。

【鉴别诊断】

1. 脂肪肝综合征与鹅流行性感冒的鉴别

［**相似点**］脂肪肝综合征与鹅流行性感冒均有肝脏脂肪变性的病变。

［**不同点**］鹅流行性感冒的病原是鹅流行性感冒志贺杆菌。病鹅鼻腔不断流清涕，有时还有眼泪，呼吸急促，并时有鼾声，甚至张口呼吸。整个鹅群都沾有鼻黏液，因而体毛潮湿。剖检鼻腔有黏液，气管、肺气囊都有纤维素性渗出物。脾肿大突出，表面有粟粒状灰白色斑点。有些病例出现浆液性纤维素性心包炎，心内膜及心外膜出血，肝有脂肪性病变。脂肪肝综合征无特征性临床症状而急性死亡，皮肤、肌肉苍白、贫血，肝脏肿大，色泽变黄，质地较脆。

2. 脂肪肝综合征与住白细胞原虫病的鉴别

［**相似点**］脂肪肝综合征与住白细胞原虫病均有肝脏肿大，呈淡黄色的病变。

［**不同点**］住白细胞原虫病的病原是西氏住白细胞原虫。有精神委顿、体温升高、腹泻、呼吸急促、流泪、瘫痪等明显的临床表现，脂肪肝综合征无特征性临床症状而急性死亡。

3. 脂肪肝综合征与鹅黄曲霉毒素中毒的鉴别

［**相似点**］脂肪肝综合征与鹅黄曲霉毒素中毒均有肝脏肿大，淡黄色，有出血斑点等病变。

［**不同点**］黄曲霉毒素中毒的病因是黄曲霉毒素。病鹅腹泻、步态不稳，常见跛行、腿部和脚蹼可出现紫色出血斑点。剖检病雏可见胸部皮下和肌肉有出血斑点，肾脏苍白、肿大或有点状出血，胰腺亦有出血点。肝硬化，肝实质有坏死结节或有黄豆大小的增生物。

【防制】

1. 预防措施

合理调配饲料口粮，适当控制鹅群稻谷的饲喂量，以及饲料中添加多种维生素和微量元素，一般可预防本病的发生。

2. 发病后治疗措施

发病鹅群的饲料中可添加氯化胆碱、维生素 E 和肌醇。按每吨饲料加 1000～1500 克氯化胆碱，1 万国际单位维生素 E 和 5 克肌醇，连续饲喂数天，具有良好的治疗效果。

二、痛风病

痛风病是由于鹅体内蛋白质代谢发生障碍所引起的一种内科病。其主要病理特征为关节或内脏器官及其他间质组织蓄积大量的尿酸盐。本病多发生于缺乏青绿饲料的寒冬和早春季节。不同品种和日龄的鹅均可发生，临床上多见于幼龄鹅。鹅患病后引起食欲不振、消瘦，严重的常导致死亡，是危害鹅业生产的一种重要的营养代谢疾病。

【病因】病因主要与饲料和肾脏机能障碍有关。饲喂过量的蛋白质饲料，尤其是富含核蛋白和嘌呤碱的饲料，常见的包括大豆粉、鱼粉等以及菠菜、甘蓝等植物。肾脏机能不全或机能障碍，幼鹅的肾脏功能不全，饲喂过量的蛋白质饲料，不仅不能被机体吸收，相反会加重肾脏负担，破坏肾脏功能，导致本病的发生，而临床所见的青年鹅、成年鹅病例，多与过量使用损害肾脏机能的抗菌药物（如磺胺类药物等）有关；缺乏充足的维生素，如饲料中缺少维生素 A 也会促进本病的发生。

此外，鹅舍潮湿、通风不良、缺乏光照以及各种疾病引起的肠道炎症都是本病的诱发因素。

【临床症状】根据尿酸盐沉积的部位不同可分为内脏型痛风和关节型痛风。

1. 内脏型痛风

内脏型痛风主要见于 1 周龄以内的幼鹅，患病鹅精神委顿，常食欲废绝，两肢无力，行走摇晃、衰弱，常在 1～2 天内死亡。青年鹅或成年鹅患病，常精神、食欲

不振，病初口渴，继而食欲废绝，形体瘦弱，行走无力，排稀白色或半形稠状含有多量尿酸盐的粪便，逐渐衰竭死亡，病程3～7天。有时成年鹅在捕捉中也会突然死亡，多因心包膜和心肌上有大量的尿酸盐沉着，影响心脏收缩而导致急性心力衰竭。

2. 关节型痛风

主要见于青年鹅或成年鹅，患病鹅病肢关节肿大，触之较硬实，常跛行，有时见两肢的关节均出现肿胀，严重者瘫痪，其他临床表现与内脏型痛风病例相同，病程为7～10天。有时临床上也会出现混合型病例。

【病理变化】 所有死亡病例均见皮肤、脚蹼干燥。内脏型病例剖检可见内脏器官表面沉积大量的尿酸盐，如一层重霜，尤其心包膜沉积最严重，心包膜增厚，附着在心肌上，与之粘连，心肌表面亦有尿酸盐沉着；肾脏肿大，呈花斑样，肾小管内充满尿酸盐，输尿管扩张、变粗，内有尿酸结晶，严重者可形成尿酸结石。少数病例皮下疏松，结缔组织亦有少量尿酸盐沉着；关节型病例，可见病变的关节肿大，关节腔内有多量黏稠的尿酸盐沉积物。

【鉴别诊断】

1. 鹅痛风（关节型痛风）与鹅大肠杆菌病（关节炎型）的鉴别

［**相似点**］鹅痛风（关节型痛风）和鹅大肠杆菌病（关节炎型）均有关节肿胀、跛行、运动受限、采食减少的临床表现和关节内有渗出物。

［**不同点**］鹅大肠杆菌病（关节炎型）是由大肠杆菌

引起的，表现为一侧或两侧跗关节或趾关节炎性肿胀，运动受限，关节内有纤维性或浑浊的关节液。

鹅痛风（关节型痛风）常见于青年鹅或成年鹅，患病鹅病肢关节肿大，触之较硬实，常跛行，有时见两肢的关节均出现肿胀，严重者瘫痪。精神不振，病初口渴，继而食欲废绝，形体瘦弱，行走无力，排稀白色或半形稠状含有多量尿酸盐的粪便，逐渐衰竭死亡，病程3～7天。肿大的关节腔内有多量黏稠的尿酸盐沉积物。

2. 鹅痛风（关节型痛风）与鹅多杀性巴氏杆菌病（慢性型）的鉴别

［**相似点**］鹅痛风（关节型痛风）与鹅多杀性巴氏杆菌病（慢性型）均有关节肿胀、跛行和运动受限等临床表现以及关节内有渗出物。

［**不同点**］鹅多杀性巴氏杆菌病（慢性型）是由多杀性巴氏杆菌引起的，是由病毒弱的毒株和急性病例演变过来的。可见局部关节肿胀，关节囊增厚，内有暗红色、浑浊的黏稠液体，病久可见关节面粗糙，常附有黄色干酪样坏死物。掌部肿如核桃大，切开可见干酪样坏死物。

鹅痛风（关节型痛风）常见于青年鹅或成年鹅，患病鹅病肢关节肿大，触之较硬实，常跛行，严重者瘫痪。精神不振，病初口渴，继而食欲废绝，形体瘦弱，行走无力，排稀白色或半形稠状含有多量尿酸盐的粪便。肿大的关节腔内有多量黏稠的尿酸盐沉积物。

3. 鹅痛风（关节炎型）与鹅葡萄球菌病的鉴别

［**相似点**］鹅痛风（关节炎型）与鹅葡萄球菌病均有精神委顿，食欲减退或不食、关节肿胀、跛行和运动受

限等临床表现以及关节内有渗出物。

［**不同点**］禽葡萄球菌病是由金黄色葡萄球菌引起的一种急性或慢性传染病，各种日龄均可发生；粪便呈灰绿色，鹅胸、翅、腿部皮下有出血斑点，足、翅关节发炎、肿胀。而鹅痛风的病因主要与饲料和肾脏机能障碍有关，主要见于青年鹅或成年鹅，患病鹅病肢关节肿大，触之较硬实，有时见两肢的关节均出现肿胀，严重者瘫痪，排稀白色或半形稠状含有多量尿酸盐的粪便，逐渐衰竭死亡。鹅葡萄球菌病（关节炎型）常见于胫、跗关节肿胀，卧地不起，关节内有浆液性或浆液纤维素性渗出物，时间稍长变成干酪样。而鹅痛风（关节炎型）肿大的关节腔内有多量黏稠的尿酸盐沉积物。

【防制】

1. 预防措施

改善饲养管理，调整饲料配合比例，适当减少蛋白质饲料，同时供给充足的新鲜青绿饲料，添加充足的维生素。在平时疾病预防中也要注意防止用药过量。

2. 发病后的治疗措施

发病鹅群停用抗菌药物，特别是对肾脏有毒害作用的药物。

处方：饮水中添加肾肿灵等，大黄苏打片1.5片/千克体重拌料，连用3～5天。

三、维生素A缺乏症

维生素A对于鹅的正常生长发育和保持黏膜的完整

性以及良好的视觉都具有重要的作用。缺乏时主要表现以生长发育不良，器官黏膜损害，上皮角化不全，视觉障碍，种鹅的产蛋率、孵化率下降，胚胎畸形等为特征。不同品种和日龄的鹅均可发生，但临床上以1周龄左右雏鹅多见，主要发生于冬季和早春季节。一周龄以内的雏鹅患本病，常与种鹅缺乏维生素A有一定的关系。

【病因】

1. 日粮中维生素A或胡萝卜素含量不足或缺乏

鹅可以从植物性饲料中获得胡萝卜素维生素A原，可在肝脏转化为维生素A。当长期食用谷物、糠麸、粕类等胡萝卜素含量少的饲料，极易引起维生素A的缺乏。

2. 消化道及肝脏的疾病，影响维生素A的消化吸收

由于维生素A是脂溶性的物质，它的消化吸收必须在胆汁酸的参与下进行，肝胆疾病、肠道炎症影响脂肪的消化，阻碍维生素A的吸收。此外肝脏的疾病也会影响胡萝卜素的转化及维生素A的储存。

3. 饲料储存时间太长或加工不当，降低饲料中维生素A的含量

如黄玉米储存期超过6个月，约损失60%的维生素A；颗粒饲料加工过程中可使胡萝卜素损失32%以上，夏季添加多维素拌料后，堆积时间过长，使饲料中的维生素A遇热氧化分解而遭破坏。

4. 选用的禽用多种维生素（包括维生素A）制剂质量差或失效

【临床症状】幼鹅缺乏时，表现出生长停滞、体质衰

弱、羽毛蓬松、步态不稳、不能站立，腿和脚的颜色变淡，常流鼻液，流泪，眼睑羽毛粘连、干燥形成一干眼圈，有些雏鹅眼睑粘连或肿胀隆起，剥开可见有白色干酪样渗出物质，以致有的眼球下陷、失明，病情严重者可出现神经症状、运动失调。病鹅易患消化道、呼吸道的疾病，引起食欲不振、呼吸困难等症状。成年鹅缺乏维生素 A，产蛋率、受精率、孵化率均降低，也可出现眼、鼻的分泌物增多，新膜脱落、坏死等症状。种蛋孵化初期死胚较多，出壳雏鹅体质虚弱，易患眼病及感染其他疾病。

【病理变化】剖检死胚可见畸形胚较多，胚皮下水肿，常出现尿酸盐在胚胎、肾及其他器官沉着，眼部常肿胀。病死雏鹅剖检，可见消化道黏膜尤以咽部和食道出现白色坏死病灶，不易剥落，有的呈白色假膜状覆盖；呼吸道黏膜及其腺体萎缩、变性，原有的上皮由一层角质化的复层鳞状上皮代替；眼睑粘连、内有干酪样渗出物；肾肿大，颜色变淡，呈花斑样，肾小管、输尿管充满尿酸盐，严重时心包、肝、脾等内脏器官表面也有尿酸盐沉积。

【鉴别诊断】

1. 维生素 A 缺乏症与禽痘（白喉型）鉴别

［**相似点**］维生素 A 缺乏症与禽痘（白喉型）均有萎靡，消瘦，口腔有灰白色结节且覆有白色假膜，揭去假膜有溃疡。

［**不同点**］禽痘有传染性，病原为痘病毒，患病鹅吞咽、呼吸困难，并发出嘎嘎声，病料接种 9～12 日龄鸡

胚、绒毛尿囊膜上，4～5天后可见有痘斑病灶。维生素A缺乏症病鹅常流鼻液，流泪，眼睑羽毛粘连、干燥形成一干眼圈，有些雏鹅眼睑粘连或肿胀隆起，剥开可见有白色干酪样渗出物质，以致有的眼球下陷、失明，病情严重者可出现神经症状、运动失调。

2. 维生素A缺乏症与禽痛风鉴别

［**相似点**］维生素A缺乏症与禽痛风均有消瘦，冠苍白，步态不稳，产蛋率降低。剖检可见肝、脾、心包表面有尿酸盐。

［**不同点**］禽痛风的病因是日粮中蛋白质太多而造成尿酸血症。不自主排白色半黏液状稀粪。关节肿胀、蹲坐或独肢站立，行动迟缓，跛行，剖检可见胸膜、腹膜、肺、心包、肝、脾、肾、肠系膜有一层半透明薄膜或白色结晶，关节也有结晶。维生素A缺乏症眼睑粘连、内有干酪样渗出物。

3. 维生素A缺乏症与禽脑脊髓炎的鉴别

［**相似点**］维生素A缺乏症与禽脑脊髓炎均有精神委顿，毛松乱，生长缓慢，运动失调，走路不稳等症状。

［**不同点**］禽脑脊髓炎的病原为禽脑脊炎病毒，具有传染性，部分晶体浑浊，眼球增大。驱赶时以跗关节走路并拍打翅膀。剖检可见脑膜充血、出血，肌胃、肌层有散在灰白区。维生素A缺乏症无传染性，常流鼻液，眼球下陷，流泪，眼睑羽毛粘连、干燥形成一干眼圈。

【防制】

1. 预防措施

应注意合理搭配饲料口粮，防止饲料品种单一。

2. 发病后的措施

发病后，多喂胡萝卜、青菜等富含维生素 A 的饲料，也可在饲料中添加鱼肝油，按每千克饲料 2～4 毫升添加。连用 10～20 天。

处方 1：成年重症患鹅可口服浓缩鱼肝油丸，每只 1 粒，连用数日，方可奏效。

处方 2：其他维生素 A 制剂，对于鹅，一般每千克饲料中具有 4000 国际单位的维生素 A 即可预防本病的发生。治疗本病可用预防量的 2～4 倍，连用 2 周，同时饲料中还应添加其他种类的维生素。

四、维生素 E 及硒缺乏症

维生素 E 及硒缺乏症又名白肌病，是鹅的一种因缺乏维生素 E 或硒而引起的营养代谢病。主要病理特征为脑软化症，渗出性素质，肌营养不良，出血和坏死。不同品种和日龄的鹅均可发生，但临床上主要见于 1～6 周龄的幼鹅。患病鹅发育不良，生长停滞，日龄小的雏鹅发病后常引起死亡。

【病因】

1. 饲料调制储存不当等

饲料加工调制不当，或饲料长期储存，饲料发霉或酸败，或饲料中不饱和脂肪酸过多等，均可使维生素 E 遭受破坏，活性降低。若用上述饲料喂鹅容易发生维生素 E 缺乏，同时也会诱发硒缺乏。相反如果饲料中硒严重不足，也同样能影响维生素 E 的吸收。

2. 饲料搭配不当，营养成分不全

饲料中的蛋白质及某些必需氨基酸缺乏或矿物质（钴、锰、碘等元素）缺乏，以及维生素C的缺乏和各种应激因素，均可诱发和加重维生素E及硒缺乏症；还有环境污染，环境中铜、汞、铜等金属与硒之间有拮抗作用，可干扰硒的吸收和利用。

【临床症状】根据临床表现和病理特征可分为三种病型。

1. 脑软化症

脑软化症主要见于1～2周龄以内的雏鹅。病鹅减食或不食，运动失调，头向后方或下方弯曲，有的两肢瘫痪、麻痹，3～4日龄雏鹅患病，常在1～2天内死亡。

2. 渗出性素质

渗出性素质临床上见于3～6周龄的幼鹅，主要表现为精神不振，食欲下降，大便拉稀，消瘦，喙尖和脚蹼常局部发紫，有时可见育肥仔鹅腹部皮下水肿，外观呈淡绿色或淡紫色。

3. 肌营养不良

肌营养不良主要见于青年鹅或成年鹅。青年鹅常生长发育不良，消瘦，减食，大便拉稀；成年母鹅的产蛋率下降，孵化率降低，胚胎发生早期死亡；种公鹅生殖器官发生退行性变化，睾丸萎缩，精子数减少或无精。

【病理变化】死于脑软化症的雏鹅，可见脑颅骨较软，小脑发生软化和肿胀，表面常见有出血点。渗出性素质病例剖检可见头颈部、胸前、腹下等皮下有淡黄色

或淡绿色胶冻样渗出，胸、腿部肌肉常见有出血斑点，有时可见心包积液，心肌变性或呈条纹状坏死。可见全身的骨骼肌肌肉色泽苍白，胸肌和腿肌中出现条纹状灰白色坏死。有时可见肌胃也有坏死。

【鉴别诊断】

1. 维生素E-硒缺乏症与禽脑脊髓炎的鉴别

［**相似点**］维生素E-硒缺乏症与禽脑脊髓炎均有精神沉郁，共济失调，行走不便，不能站立等症状。成年禽产蛋率、孵化率下降。剖检可见脑膜充血、出血。

［**不同点**］禽脑脊髓炎的病原为脑脊髓炎病毒（AEV），有传染性，爆发时出壳后即陆续发病，3天后出现麻痹，头颈部震颤，部分存活禽一侧或两侧晶体浑浊或浅蓝色失明。剖检可见肌胃、肌层有散在灰白区，中枢神经元变性，胶质细胞增生和血管套现象。在荧光抗体技术（FA）阳性禽的组织中可见黄绿色荧光。

维生素E-硒缺乏症无传染性，在鹅饲粮中添加足够量的亚硒酸钠-维生素E制剂可以避免此病发生。

2. 维生素E-硒缺乏症与维生素B_6缺乏症的鉴别

［**相似点**］维生素E-硒缺乏症与维生素B_6缺乏症均无传染性，表现向前乱闯，有神经紊乱，成年禽产蛋率、孵化率下降。

［**不同点**］维生素B_6缺乏症的病因是维生素B_6缺乏。多因饲料过分曝晒遭紫外线照射而致维生素B_6损失，小鹅双脚颤动，跑时翅膀扑击，倒向一侧或翻仰在地，头脚急剧摆动至衰竭而死。剖检可见皮下水肿，内脏肿胀，脊髓外周神经变性。

【防制】

1. 预防措施

注意饲料搭配，保证饲料营养全面平衡，特别是氨基酸的平衡，禁止饲喂霉变、酸败的饲料。

2. 发病后的措施

在鹅饲粮中添加足够量的亚硒酸钠-维生素 E 制剂，通常每千克饲料添加 0.5 毫克硒和 50 国际单位维生素 E 可以预防本病的发生。

处方 1：每千克饲料中加入 2.5 毫克硒和 250 国际单位维生素 E。

处方 2：每千克日粮添加维生素 E 250 国际单位或植物油 10 克，亚硒酸钠 0.2 毫克，蛋氨酸 2～3 克，连用 2～3 周。

处方 3：可每只喂服 300 国际单位的维生素 E，同时每千克饲料中补充含硒 0.05～0.1 毫克的硒制剂，也可用含硒 0.1 毫克/升的亚硒酸钠水饮服。每千克饲料补充蛋氨酸 0.2 毫克。

处方 4：当归、地龙各 0.1 克，川芎 0.05 克（川芎地龙汤），煎煮取汁，每只每天饮用，饮用前需停水 2 小时，连用 3 天。

五、软骨症

软骨症是由维生素 D 缺乏或钙、磷缺乏以及钙、磷比例失调引起的幼鹅佝偻病或成年鹅软骨症。本病是一种营养性骨病，不同日龄的鹅均可发生，临床上常见于 5～6 周龄的幼鹅。主要表现为生长发育停滞、骨骼变形、肢体无力、软脚以致瘫痪。成年鹅患病时产蛋减少或产软壳蛋。此外，本病尚可诱发其他疾病，常给养鹅业造成一定的经济损失。

【病因】

1. 钙磷不足或不平衡

钙、磷是机体重要的常量元素，参与禽骨骼和蛋壳的构成，并具有维持体液酸碱平衡及神经肌肉的兴奋性、构成生物膜结构等多种功能。鹅对钙、磷需求量大，一旦饲料中钙、磷总量不足或比例失调必然引起代谢的紊乱。

2. 维生素D不足

维生素D是一种脂溶性维生素，具有促进机体对钙、磷吸收的作用。在舍饲条件下，尤其是育雏期间，雏鹅得不到阳光照射，必须从饲料中获得，当饲料中维生素D含量不足或缺乏，都可引起鹅体维生素D缺乏，从而影响钙、磷的吸收，导致本病的发生。

3. 日粮中矿物质比例不合理或有其他影响钙、磷吸收的成分存在

许多二价金属元素间存在抑制作用，例如饲料中锰、锌、铁等过高可抑制钙的吸收；含草酸盐过多的饲料也能抑制钙的吸收。

4. 疾病

肝脏疾病以及各种传染病、寄生虫病引起的肠道炎症均可影响机体对钙、磷以及维生素D的吸收，从而促进本病的发生。

【临床症状】病雏鹅生长缓慢，羽毛生长不良，鹅喙变软，易扭曲，腿虚弱无力，行走摇晃，步态僵硬，不愿走动，常蹲卧，病初食欲尚可，病鹅逐渐瘫痪，需拍动双翅移动身体，采食受限，若不及时治疗常衰竭死亡。

产蛋母鹅表现产蛋减少，蛋壳变薄易碎，时而产生软壳蛋或无壳蛋。鹅腿虚弱无力，步态异常，重者发生瘫痪。在产蛋高峰期或在春季配种旺季，易被公鹅踩伤。

【病理变化】幼鹅剖检可见甲状旁腺增大，胸骨变软呈S状弯曲，长骨变形，骨质变软，易折，骨髓腔增大；飞节肿大，肋骨与肋软骨的结合部可出现明显球形肿大，排列成“串珠”状。鹅喙色谈、变软、易扭曲。成年产蛋母鹅可见骨质疏松，胸骨变软，胫骨易折。种蛋孵化率显著降低，早期胚胎死亡增多，胚胎四肢弯曲，腿短，多数死胚皮下水肿，肾脏肿大。

【鉴别诊断】

1. 软骨症与锰缺乏症的鉴别

［**相似点**］软骨症与锰缺乏症均有生长迟缓，行走吃力、常以跗关节伏下等症状。

［**不同点**］锰缺乏症的病因是锰缺乏。患病鹅骨粗短，腓肠肌腱脱出骨槽，胚胎体躯短小，腿粗短，头呈圆球样，喙短弯如鹦鹉嘴。

软骨症雏禽胸骨变软呈S状弯曲，长骨变形，骨质变软，肋骨与肋软骨的结合部可出现明显球形肿大，排列成“串珠”状。成年产蛋母鹅可见骨质疏松，胸骨变软，胫骨易折。

2. 软骨症与病毒性关节炎的鉴别

［**相似点**］软骨症与病毒性关节炎均有关节肿大、跛行，少数关节不能活动，生长受阻，产蛋下降等症状。

［**不同点**］病毒性关节炎的病原为呼肠弧病毒，有传染性。患病鹅不愿活动，喜坐跗关节上，常单脚跳。剖

检可见跗关节周围肿胀，滑膜囊有出血点，关节腔内有黄或血色样物（慢性干酪样）。酶联免疫吸附试验双抗体夹心法敏感性很好。

软骨症雏禽胸骨变软呈S状弯曲，肋骨与肋软骨的结合部可出现明显球形肿大，排列成“串珠”状。成年产蛋母鹅可见骨质疏松，胸骨变软，胫骨易折。

3. 软骨症与滑液支原体感染的鉴别

［**相似点**］软骨症与滑液支原体感染均有跗关节肿大，不能站立，跛行等症状。

［**不同点**］滑液支原体感染的病原为支原体，有传染性。患病鹅关节有热痛，如兼呼吸型还有喷嚏、咳嗽、流鼻液。用商品化的血清平板凝集反应可鉴定。

4. 软骨症与胆碱缺乏症的鉴别

［**相似点**］软骨症与胆碱缺乏症均有生长停滞，腿关节肿胀，运动无力，产蛋和孵化率下降等症状。

［**不同点**］胆碱缺乏症的病因是胆碱缺乏，症状为骨粗短，跗关节肿胀、有针尖状出血。剖检可见肝肿大、色黄、质脆、表面有出血点，肝易破裂，腹腔有凝血块。

5. 软骨症与锰缺乏症的鉴别

［**相似点**］钙磷代谢障碍症与锰缺乏症均有生长迟滞，不愿走动，产蛋量降低等症状。

［**不同点**］锰缺乏症的病因是缺锰。患病鹅胫跗关节增大，胫骨下端、跖骨上端弯曲扭转，脱腱，腿关节扁平，无法支持体重。成年鹅产蛋所发育而成的胚胎大多在将出壳时死亡（体躯短小、翅腿短、喙弯曲），头呈球

形，鹦鹉嘴，腹膨大。

钙磷代谢障碍症出现骨质疏松、软骨等。

6. 软骨症与家禽痛风的鉴别

［**相似点**］软骨症与家禽痛风均有关节肿大、跛行，生长缓慢等症状，有的拉稀。

［**不同点**］家禽痛风的病因是日粮中蛋白质过高而引起血液尿酸血症。症状为消瘦，冠苍白，排白色稀粪且含有大量尿酸和尿酸盐，关节初软而痛，后变硬微痛，形成豌豆大结节并破裂排出干酪样物。剖检可见内脏表面有尿酸盐薄膜。

【防制】

1. 预防措施

平时注意合理配制日粮中钙、磷的含量及比例，合理的钙、磷比例一般为2∶1，产蛋期为（5～6）∶1。由于钙磷的吸收代谢依赖于维生素D的含量，故日粮中应有足够的维生素D供应。阳光照射可以使鹅体合成维生素D_3，因此，要根据不同的饲养方式在日粮中补充相应含量的维生素D或保证每天一定时间的舍外运动，多晒阳光促使鹅体维生素D的合成。在阴雨季节应特别注意饲料中补充维生素D或给予如苜蓿等富含维生素D的青绿饲料。

2. 发病后的措施

处方1：患病鹅可肌内注射维丁胶性钙，每鹅2～3毫升，每天1次，连用2～3天。

处方2：鱼肝油每天2次，每只每次2～4滴。

处方3：维生素D_3，每只内服15000单位，肌内注射4万

单位。若同时服用钙片，则疗效更好。

六、锰缺乏症

【病因】锰缺乏的病因有三：一是因母畜（禽）缺锰引起幼畜（禽）先天性缺锰所致；二是饲料中锰元素的含量不足；三是饲料中钙、磷、铁、钴的含量过大，影响了锰的吸收。在肠道内，锰与钙、磷、铁、钴有共同的吸收部位，日粮中这些元素含量过高，可竞争性地抑制锰的吸收，造成锰的缺乏；禽患球虫病等胃肠疾病时，妨碍锰吸收。

【临床症状】膝关节异常肿大，病禽腿部弯曲或扭转，不能站立；产蛋母禽蛋的孵化率显著下降，胚胎在出壳前死亡；胚胎表现腿短而粗，翅膀变短，头呈球形，鹦鹉嘴，腹膨大。对病雏进行解剖检查，可见双腿或单腿跟腱向内或向外滑脱；大多数病雏表现胫骨髁（外髁或内髁）显著肿大，髁间沟变平坦。

【鉴别诊断】

1. 锰缺乏症与钙磷缺乏和比例失调的鉴别

［**相似点**］锰缺乏症与钙磷缺乏和比例失调均有生长迟滞，跗关节增大，不愿走动，蛋孵化率下降等症状。

［**不同点**］钙磷缺乏和比例失调时，雏禽喙和爪易弯曲，肋骨末端呈串珠状小结节，成年禽后期胸骨呈“S”状弯曲，肋骨失去硬度而变形。剖检可见骨变薄，骨髓腔变大。血磷低于正常，血钙在后期下降。

锰缺乏症头呈球形，鹦鹉嘴，腹膨大。

2. 锰缺乏症与病毒性关节炎的鉴别

［**相似点**］锰缺乏症与病毒性关节炎均有生长缓慢，

跗关节肿大，关节不灵活，不愿走动，跛行，喜坐跗关节上等症状。

［**不同点**］病毒性关节炎的病原为呼肠弧病毒，有传染性，重时单脚跳。剖检可见关节腔内有黄色或血色渗出物、脓或干酪样物，腓肠肌腱与周围组织粘连。酶联免疫吸附试验双抗体夹心法具有较高特异性和敏感性。

锰缺乏症头呈球形，鹦鹉嘴，腹膨大。

3. 锰缺乏症与维生素D缺乏症的鉴别

［**相似点**］锰缺乏症与维生素D缺乏症均生长迟缓，行走吃力，常以跗关节伏下。

［**不同点**］维生素D缺乏症的病因是维生素D缺乏，缺少阳光照射，2～3周龄发病。喙爪柔软，成年鹅龙骨变软，胸骨常弯曲，肋骨沿胸骨呈内向弧形。剖检可见骨质软、易折断。锰缺乏症膝关节异常肿大，头呈球形，鹦鹉嘴，腹膨大。

4. 锰缺乏症与维生素B_2缺乏症的鉴别诊断

［**相似点**］锰缺乏症与维生素B_2缺乏症均有生长缓慢，不能行走，以跗关节着地，蛋孵化率低，胚胎体躯短小等症状。

［**不同点**］维生素B_2缺乏症的病因是维生素B_2缺乏，病鹅足趾向内卷曲，常张开翅膀以求平衡，两腿瘫痪，胚胎有结节状绒毛，关节变形，水肿，贫血，即使孵化出也先天麻痹，体小而浮肿。

锰缺乏症膝关节异常肿大，头呈球形，鹦鹉嘴，腹膨大。

5. 锰缺乏症与胆碱缺乏症的鉴别诊断

［**相似点**］锰缺乏症与胆碱缺乏症均有生长停滞，骨粗短，跗骨弯曲，跟腱滑脱，蛋孵化率下降等症状。

［**不同点**］胆碱缺乏症的病因是胆碱缺乏。病鹅跗关节轻度水肿，并有小出血点，后期关节扁平、弯曲成弓。剖检可见肝色黄、质脆、有出血点，肝膜或肝有破裂并在腹腔有凝血块。

6. 锰缺乏症与生物素缺乏症的鉴别诊断

［**相似点**］锰缺乏症与生物素缺乏症均有生长缓慢，骨粗短，孵化的胚胎骨骼粗短，翅短，腿短，喙弯曲如鹦鹉嘴等症状。

［**不同点**］生物素缺乏症的病因是缺乏生物素。病鹅羽毛干燥变脆，趾爪、喙底、眼四周皮肤发炎，第三、第四趾间蹼延长。

锰缺乏症膝关节异常肿大，腹膨大。

7. 锰缺乏症与锌缺乏症的鉴别

［**相似点**］锰缺乏症与锌缺乏症均有腿无力、关节肿大、骨粗短、生长不良等表现。

［**不同点**］锌缺乏症的病因是缺锌。病鹅跗关节增大，长骨短而粗，脚上发生皮炎。锰缺乏症膝关节异常肿大，病禽腿部弯曲或扭转，头呈球形，鹦鹉嘴，腹膨大。

【防制】

1. 预防措施

饲料中加入一定量的米糠，可防止锰缺乏症。

2. 发病后措施

每千克饲料中加硫酸锰 0.1～0.2 克或 0.005%～0.01% 高锰酸钾溶液饮水，连喂 2 天停 2～3 天后再喂。

七、锌缺乏症

锌参与鹅体蛋白质合成及其他物质代谢活动。

【病因】 日粮中锌含量不足。

【临床症状】 雏禽表现衰弱，站不起来，食欲消失，羽毛发育不良等症状。跗关节增大，长骨短而粗，脚上发生皮炎，腿无力。

【鉴别诊断】

1. 锌缺乏症与锰缺乏症的鉴别

［**相似点**］锌缺乏症与锰缺乏症均有腿无力、关节肿大、骨粗短、生长不良等表现。

［**不同点**］锰缺乏症的病因是缺锰。膝关节异常肿大，病禽腿部弯曲或扭转，头呈球形，鹦鹉嘴，腹膨大。锌缺乏症跗关节增大，长骨短而粗，脚上发生皮炎。

2. 锌缺乏症与病毒性关节炎的鉴别

［**相似点**］锌缺乏症与病毒性关节炎均有食欲消失，跗关节肿大，不愿走动等症状。

［**不同点**］病毒性关节炎病原为呼肠弧病毒，有传染性，重时单脚跳。剖检可见关节腔内有黄色或血色渗出物、脓或干酪样物，腓肠肌腱与周围组织粘连。酶联免疫吸附试验双抗体夹心法具有较高特异性和敏感性。

【防制】

1. 预防措施

日粮中含锌50～100毫克/千克。

2. 发病后措施

添加硫酸锌或碳酸锌，使日粮含锌量达150毫克/千克饲料，约10天后，降至预防量。或饲料中补充含锌丰富的鱼粉和肉粉。

第四章 鹅中毒性疾病的类症鉴别诊断及防治

一、黄曲霉毒素中毒

黄曲霉毒素中毒是由黄曲霉毒素引起鹅的一种中毒性疾病。临床上以消化机能障碍，全身浆膜出血，肝脏器官受损以及出现神经症状为主要特征，呈急性、亚急性或慢性经过，不同种类和日龄的家禽均可致病，但以幼禽易感。幼鹅中毒后，常引起死亡。

【病因】黄曲霉毒素主要是由黄曲霉、寄生曲霉等产生。鹅饲喂受黄曲霉污染的花生、玉米、黄豆、棉籽等作物及其副产品，很容易引起中毒。黄曲霉毒素对人和各种动物都有较强的毒性，其中黄曲霉 B_1 毒素的毒力最强，能诱发鸭、鹅等家禽的肝癌。

【临床症状】病鹅最初采食减少，生长缓慢、羽毛脱落。腹泻、步态不稳，常见跛行，腿部和脚蹼可出现紫色出血斑点，1 周龄以内的雏鹅多呈急性中毒，死前常

见有共济失调、抽搐，角弓反张等神经症状，死亡率可达100%。成年鹅通常呈亚急性或慢性经过，精神、食欲不振、大便拉稀、生长缓慢，有的可见腹围增大。

【病理变化】剖检病雏可见胸部皮下和肌肉有出血斑点，肝脏肿大，色淡，有出血斑点或坏死灶，胆囊扩张，肾脏苍白、肿大或有点状出血，胰腺亦有出血点。病死成年鹅可见心包积液，腹腔常有腹水，肝脏颜色变黄，肝硬化，肝实质有坏死结节或有黄豆大小的增生物，严重者肝脏癌变。

【鉴别诊断】

1. 黄曲霉毒素中毒与维生素 B_1 缺乏症鉴别

［**相似点**］黄曲霉毒素中毒与维生素 B_1 缺乏症均有沉郁，减食，毛松乱，消瘦，贫血，运动失调，两腿麻痹，角弓反张等症状。

［**不同点**］维生素 B_1 缺乏症病因是维生素 B_1 缺乏。患病鹅出现伸肌麻痹为主的多发性神经炎特征症状。麻痹常从趾开始，向上发展到腿、翅、颈。病鹅两腿屈曲，不能行走和站立，一旦翅、颈伸肌麻痹，则可呈现典型的“观星”姿势（病鹅头向背后极度弯曲、屁股着地，也有呈偏头扭颈的）。剖检可见皮下广泛水肿，卵巢、胃、肠萎缩，心轻度萎缩，生殖器官（睾丸或卵巢）萎缩。

黄曲霉毒素中毒腿部和脚蹼可出现紫色出血斑点，皮下或肌肉出血，肝、肾肿大出血等。

2. 黄曲霉毒素中毒与禽弓形虫病鉴别诊断

［**相似点**］黄曲霉毒素中毒与禽弓形虫病均有厌食，

消瘦，冠苍白、贫血，排稀粪，共济失调，角弓反张等症状。剖检可见肝肿大、有坏死灶，心包有积液。

［**不同点**］禽弓形虫病病原为弓形虫，病鹅排白色稀粪，歪头失明，有的转圈，后期发生麻痹。脑眼型视交叉神经变脆和干燥、呈灰黄色、有坏死区，玻璃体被肉芽所替代。心包有圆形结节，腺胃壁增厚、有些有溃疡，小肠有结节。用腹腔液或组织涂片镜检可检出虫体。

黄曲霉毒素中毒腿部和脚蹼可出现紫色出血斑点，皮下或肌肉出血，肝、肾肿大出血等。

【防制】

1. 预防措施

禁喂霉变饲料是预防本病的关键，同时应加强饲料储存保管，注意保持通风干燥、防止潮湿霉变。用2％次氯酸钠溶液消毒环境，粪便用漂白粉处理。仓库用福尔马林熏蒸消毒。饲料中添加防霉剂，主要有富马酸二甲酯（简称DMF）、苯甲酸钠（以0.1％混料）和硅酸铝钠钙水合物（商品名“速净”，以0.1％剂量混料）。

2. 发病后的措施

发现鹅有中毒症状时，应即检查饲料是否发霉，若饲料发霉，立即停喂，改用易消化的青绿饲料。

病雏饮用5％葡萄糖水，饲料中补加维生素AD_3粉，维生素B_1、维生素B_2和维生素C，或添加禽用多维素。为避免继发细菌感染，可投喂土霉素、氟哌酸等抗菌药物。

二、磺胺类药物中毒

鹅的磺胺类药物中毒是由于用磺胺类药物防治鹅只的细菌性疾病过程中，应用不当或剂量过大而引起鹅只发生的急性或慢性中毒症。其毒害作用主要是损害肾、肝、脾等器官，并导致鹅只发生黄疸、过敏、酸中毒以及免疫抑制等。往往会造成大批鹅只死亡。

【病因】

1. 使用不当

使用磺胺类药物剂量过大，用药时间过长，拌料不均匀。

2. 疾病

肝、肾患病时，因磺胺类药物本身在体内代谢较缓慢，不易排泄，当肝、肾有疾患时更易造成在体内的蓄积而导致中毒。

3. 肝肾功能不全

1月龄以内的雏鹅因体内肝、肾等器官功能不全，对磺胺类药物的敏感性较高，也极易引起中毒。

【临床症状】急性中毒时主要表现为痉挛和神经症状；慢性中毒时精神沉郁，食欲不振或消失，饮水增加，拉稀，粪黄色或带血丝，贫血，黄疸，生长缓慢。产蛋禽表现为产蛋量明显下降，产软壳蛋和薄壳蛋。

【病理变化】剖检表现为出血综合征。出血可发生于皮肤、肌肉及内部器官，也可见于头部、冠髯、眼前房。出血凝固时间延长，骨髓由暗红变为淡红甚至黄色。腺胃及肌胃角质膜下出血，整个肠道有出血斑点。肝、脾肿大，散在出血与坏死灶。心肌呈刷状出血，肺充血与水肿。肾肿大，肾小管内折出磺胺结而造成肾阻塞与损伤，产生尿酸盐沉积。

【鉴别诊断】

1. 磺胺类药物中毒与禽结核病的鉴别诊断

［**相似点**］磺胺类药物中毒与禽结核病均有精神委顿，毛松乱，贫血，腹泻，增重缓慢，步态不稳等症状。

［**不同点**］禽结核病的病原为禽结核分枝杆菌，呆立不愿活动，进行性消瘦。剖检可见肺、脾、肝、肠系膜均有结节，切开内容物呈干酪样，涂片染色镜检可见结核分枝杆菌。

磺胺类药物中毒表现为痉挛和神经症状，粪黄色或带血丝，剖检表现为出血综合征。

2. 磺胺类药物中毒与叶酸缺乏症的鉴别诊断

［**相似点**］磺胺类药物中毒与叶酸缺乏症均有生长停滞，贫血，白细胞减少，成年禽产蛋量下降等症状。剖检可见肠道出血。

［**不同点**］叶酸缺乏症的病因是叶酸缺乏。羽毛生长不良，色素缺乏，特征性伸颈、麻痹。死胚胎胫骨弯曲，肝、脾、肾缺血。

磺胺类药物中毒表现为痉挛和神经症状，粪黄色或带血丝，剖检表现为出血综合征。

【防制】

1. 预防措施

使用磺胺类药物时应严格控制使用剂量与疗程，并

保证充分供给饮水。投药期间，在饲料中添加维生素K_3、维生素B_1，其剂量为正常量的10～20倍。

2. 发病后的措施

发现中毒后立即停药，大量供水。

处方1：1%～5%碳酸氢钠溶液适量，自由饮用。

处方2：维生素C片25～30毫克，一次口服。或肌内注射50毫克的维生素C注射液。

处方3：饮用车前草和甘草糖水，以促进药物从肾排出。

三、肉毒中毒

肉毒中毒（又称软颈病）是由肉毒梭菌产生的外毒素引起的一种中毒病。肉毒梭菌有A、B、Ca、Cb、D、E、F、G 8型，毒素也分8型。A型常见于肉、鱼、果、蔬菜制品和罐头食品，毒性最强，能使人、猴、禽、马、貂、鱼类中毒。Ca型常见于蝇蛆和腐烂水草中，主要侵害禽。Cb型常见于变质饲料和肉品类，禽、牛、马、羊、貂、人都易感。E型主要见于腐败鱼，主要侵害人、猴和禽。B型见于肉类及其制品，能使人、牛、马中毒，含有低的易感性。D型常见于变质肉和动物尾体，侵害牛、马。F型主要使人中毒。

【病因】病原为肉毒梭菌，但细菌本身不致病，而是其产生的肉毒梭菌毒素，有极强的毒力，对人、畜、禽均有高度致死性。自然发病大多是吃了含有毒素的腐烂饲料、腐败尸体和被毒素污染的饲料，或饮用了含有毒素的饮水。多发病于夏秋。

毒素经消化道吸收后经血液、淋巴液运送至全身，主要作用于中枢神经，对运动神经和交感神经有选择作用，抑制神经传导化学介质（乙酰胆碱）的释放和合成，因而肌肉不收缩，引起弛缓性瘫痪。但对知觉神经、交感神经无影响。毒素可引起血管的痉挛收缩及变性（内皮细胞肿胀，甚至渐进性坏死），毒素进入各器官后，使组织细胞发生变性。

【临床症状】 本病潜伏期1～2天，患鸭鹅突然发病，典型的症状是“软颈”，头颈伸直下垂，眼紧闭，翅膀下垂拖地，昏迷死亡。严重病禽羽毛松乱，容易拔落，也是本病的特征性症状之一。

【病理变化】 鹅十二指肠充血、出血，有肠道卡他炎。咽喉会厌黏膜小点出血。肺充血、水肿、气肿，表面有出血点或斑，气管有泡沫状渗出液。肝土黄色。心包积液，心肌、冠状沟、心内外膜有针尖大出血点。

【鉴别诊断】 根据特征性“软颈”麻痹的症状，流行病学调查有吃腐败食物或接触过污水、粪坑等情况，可做出初步诊断。确诊需取病鹅肠内容物的浸出物，接种小白鼠，如在1～2天内发生麻痹即可确诊。同时做好类症鉴别。

1. 肉毒中毒与禽李氏杆菌病鉴别

［**相似点**］肉毒中毒与禽李氏杆菌病均是群发，突然发病，萎靡，毛松乱，翅下垂，腿软无力，下痢。剖检可见肠道出血。

［**不同点**］禽李氏杆菌病的病原为李氏杆菌，病鹅冠髯发绀，脱水，皮肤暗紫，倒地侧卧、腿划动，或盲目乱闯、尖叫，头颈弯曲，仰头，阵发性痉挛。剖检可见

脑膜血管充血。肝肿大，呈土黄色，有紫色瘀血斑和白色坏死点，质脆易碎。脾肿大、呈黑红色。血液病料涂片、革兰染色可见排列“V”状的阳性小杆菌。

肉毒中毒有吃腐败动物尸体或该处蝇蛆或毒素污染的饲料饮水史，头颈伸直下垂，眼紧闭，翅膀下垂拖地，昏迷死亡。剖检十二指肠充血、出血，肺表面、心肌冠状沟内外膜均有出血点，心包积水，肺充血、水肿、气肿。

2. 肉毒中毒与食盐中毒的鉴别

［**相似点**］肉毒中毒与食盐中毒均有两肢无力、麻痹，下痢，最后心衰死亡，剖检可见肠道充血、出血等症状。

［**不同点**］食盐中毒的病因是吃咸鱼粉或日粮中食盐多而发病，症状为无食欲，饮欲增加，口鼻流大量黏液，嗉囊扩张。剖检可见脑膜血管充血、扩张，心包积液，肝瘀血、有出血斑，皮下组织水肿。用硝酸银滴定嗉囊内容物可测知食盐含量。

肉毒中毒有吃腐败动物尸体或该处蝇蛆或毒素污染的饲料饮水史。头颈伸直下垂，眼紧闭，翅膀下垂拖地，昏迷死亡。剖检十二指肠充血、出血，肺表面、心肌冠状沟内外膜均有出血点，心包积水，肺充血、水肿、气肿。

3. 肉毒中毒与黄曲霉毒素中毒的鉴别

［**相似点**］肉毒中毒与黄曲霉毒素中毒均有无精神，打瞌睡，毛松乱，翅下垂，懒动等症状。剖检可见肠充血、出血。

［**不同点**］黄曲霉毒素中毒的病因是吃了黄曲霉毒素污染的饲料而发病。症状为共济失调跛行，颈肌痉挛，角弓反张，稀粪含血。剖检可见肝肿大，呈灰白或灰黄

色，有的凹凸不平，凸处呈灰褐或棕黄色，凹处呈灰白色且有白色结节。胆囊肿大、壁增厚（胆囊卜皮增生）。脾肿大、呈淡黄或灰棕色。腺胃、肌胃有出血。心脏色变白，肾肿大、苍白。卵巢卵泡膜增厚、呈紫红或黄绿色，内容物呈油脂样或干酪样。将所用饲料用紫外线照射观察荧光，G 族毒素为亮黄绿色荧光，如为 H 族毒素可见到蓝紫色荧光。

肉毒中毒剖检十二指肠充血、出血，肺表面、心肌冠状沟内外膜均有出血点，心包积水，肺充血、水肿、气肿。

【防制】

1. 预防措施

搞好禽舍及其周围环境的清洁卫生，及时清除死禽、死畜并将其深埋或焚化，杀灭该范围内的蝇蛆（尤其鹅放牧的地区）。不喂腐败的肉、鱼粉、腐败蔬菜或死禽。一旦发现本病爆发流行，饲喂低能量饲料可降低死亡率。在炎热季节和干旱雨涝时尤要注意防范本病。同时注意死于本病尸体仍有极强毒力，仍可致死人或犬等动物，严禁食用或喂动物，务必深埋或销毁。

2. 发病后措施

肉毒梭菌在体外对 13 种抗生素敏感，但抗生素对毒素无效。中毒较轻或刚发病时，可用硫酸钠或高锰酸钾水洗胃有一定效果。

处方 1：肉毒梭菌 C 型抗毒素，每只注射 2～4 毫升。

处方 2：硫酸镁 2～3 克加水灌服，加速毒素的排出，同时口服抗菌素，抑制肠道菌再产生毒素。

处方 3：仙人掌洗净、切碎，并按 100 克仙人掌加入 5 克

白糖，捣烂成泥，每只灌服仙人掌泥3～4克，每天2次，连用2天。

四、鹅亚硝酸盐中毒

鹅亚硝酸盐中毒（又称高铁血红蛋白血症）指家禽采食富含亚硝酸盐或亚硝酸饲料造成的高铁血红蛋白症，导致组织缺氧的急性中毒病症，以鸭、鹅多发，而鸡次之。

【病因】主要是由于富含硝酸盐的饲料（如甜菜、萝卜、马铃薯等块茎类，白菜、油菜、菠菜，各种牧草、野菜等）在硝酸盐还原菌（具有硝化酶和供氢酶的反硝化菌类）的作用下，经还原作用而生成亚硝酸盐。一旦被吸收入血后引起鹅只血液输氧功能障碍。因此，亚硝酸盐的产生，取决于饲料中硝酸盐的含量和硝酸盐还原菌的活力。在一般情况下，习惯用青饲料喂鹅的地区，鹅群发生亚硝酸盐中毒的机会就会多一些。当绿色饲料在食用之前保存不当，堆放过久，雨淋日晒，腐败变质，或加工、调制处理不当，如蒸煮青绿饲料时，不加搅拌或搅拌不够，蒸煮不透、不熟，或煮后放在锅里，加盖闷着，在这种情况下，可使饲料中的硝酸盐变成亚硝酸盐。鹅只食了这样的饲料而中毒。当鹅体本身消化不良，胃内酸度下降，可使胃肠（尤其是雏鹅食管膨大部）内的消化细菌大量生长繁殖，胃肠的内容物发酵，而将硝酸盐还原为亚硝酸盐，导致鹅只中毒。

饮用硝酸盐含量过高的水，也是引起鹅只亚硝酸盐中毒的原因之一。施过氮肥的农田，在田水、深井水，或垃圾堆附近的水源，也常含有较高浓度的硝酸盐。

亚硝酸盐属于一种强氧化剂毒物，被鹅只一旦吸收入血液后，就能使血红蛋白中的二价铁（Fe^{2+}）脱去电子后被氧化为三价铁（Fe^{3+}），这样就会使体内正常的低铁血红蛋白变为变性的高铁血红蛋白。三价铁同羟基结合较牢固，流经肺泡时不能氧合，流经组织时不能氧离，致使血红蛋白丧失正常携氧功能，而引起全身性缺氧。这样就会造成全身各组织，特别是脑组织受到急性损害，同时还会引起鹅只呼吸困难，甚至呼吸麻痹，神经系统紊乱而死亡。

【临床症状】发病急且病程短，一般在食入后 2 小时内发病。发病时呼吸困难，口腔黏膜和冠髯发紫，并伴有抽搐、四肢麻痹、卧地不起等症状。严重时很快窒息死亡。

病程稍长的病例，常表现张口，口渴，食欲减退，呼吸困难，嘴唇、口腔黏膜、眼结膜和胸、腹皮肤发绀。大多数病例体温下降，心跳减慢，肌肉无力而软弱，双翅下垂，腿脚发软，最后发生麻痹、昏睡而死。病情较轻的病例，仅表现轻度的消化机能紊乱和肌肉无力等症状，一般可以自愈。

【病理变化】体表皮肤、耳、肢端和可视黏膜呈蓝紫色（即发绀），体内各浆膜颜色发暗。血液呈巧克力色泽或酱油状，凝固不良；肝、脾、肾等脏器均呈黑紫色，切面明显瘀血，并流出黑色不凝固血液；气管与支气管充满白色或淡红色泡沫样液体。肺脏膨胀，肺气肿明显，伴发肺瘀血、水肿；胃、小肠黏膜出血，肠系膜血管充

血；心外膜出血，心肌变性坏死。

【鉴别诊断】有饲喂储藏、加工和调剂方法不当的饲料病史和典型缺氧症状且血液呈酱油色遇空气不变红色即可诊断。

1. 鹅亚硝酸盐中毒与小鹅瘟的鉴别诊断

［**相似点**］鹅亚硝酸盐中毒与小鹅瘟均有发病突然，呼吸困难、四肢麻痹、卧地不起等临床表现以及肝脏瘀血、肠道出血等病理变化。

［**不同点**］小鹅瘟的病原体是小鹅瘟病毒，在禽类中只有鹅易感，是发生于雏鹅的一种急性、病毒性传染病。主要发生于3～20日龄。3周龄以上，雏鹅发病率逐渐降低。成鹅呈隐性感染。小肠黏膜发炎、坏死，小肠中、下段外观似“香肠样”，内有带状或圆柱状灰白色或淡黄色栓子。栓子较短，呈2～5厘米的节段。有的没有栓子，但整个肠腔中充满黏稠的内容物，黏膜充血、发红。

鹅亚硝酸盐中毒各日龄鹅均可发生，体表皮肤、耳、肢端和可视黏膜呈蓝紫色（即发绀），体内各浆膜颜色发暗。血液呈巧克力色泽或酱油状，凝固不良。

2. 鹅亚硝酸盐中毒与禽流感的鉴别诊断

［**相似点**］鹅亚硝酸盐中毒与禽流感均有发病急且病程短，食欲减退，呼吸困难，并伴有抽搐、四肢麻痹卧地等临床表现以及胃肠道出血等病理变化。

［**不同点**］禽流感的病原是A型流感病毒，具有极强的传染性。病鹅体温升高，拉白色或带淡黄绿色水样稀粪，患鹅头颈部肿大，皮下水肿，眼睛潮红或出血，眼结膜有出血斑，眼睛四周羽毛粘着褐黑色分泌物，严重者瞎

眼。绝大多数患鹅有间隙性转圈运动，转圈后倒地并不断滚动等神经症状，有的病例头颈部不断做点头动作。

鹅亚硝酸盐中毒有摄入史，口腔黏膜和冠髯发紫，并伴有抽搐、四肢麻痹卧地不起等症状。血液呈巧克力色泽或酱油状，凝固不良；肝、脾、肾等脏器均呈黑紫色，切面明显瘀血，并流出黑色不凝固血液；气管与支气管充满白色或淡红色泡沫样液体。

【防制】

1. 预防措施

不喂腐败、变质、发霉的饲料和堆放时间太长的青绿饲料；青绿饲料如需蒸煮时，应边煮边搅拌，煮透、煮熟后立即取出，并充分搅拌，让其快速冷却后喂饲；菜类饲料应置阴凉通风的地方，摊开敞放，经常翻动。特别要注意的是切勿将菜类饲料切碎堆放后才喂鹅。

2. 发病后的措施

更换新鲜饲料，禁止饲喂含亚硝酸盐的饲料。每只病禽口服维生素 C 片（100 毫克），每天 1 次，连用 2～3 天。

用美蓝 2 克，95％酒精 10 毫升，生理盐水 90 毫升，溶解后每千克体重注射 1 毫升同时饮服或腹腔注射 25％葡萄糖溶液，5％维生素 C 溶液。用盐类泻剂加速肠胃内容物排出。

五、有机磷农药中毒

有机磷农药是有机化合物合成的一类农药的总称。种

类很多，有些属剧毒，如对硫磷（1605）、内吸磷（1059）、甲拌磷（3911）等；有些属强毒，如敌敌畏、乐果、甲基内吸磷等；有些属弱毒，如敌百虫、马拉硫磷等。鹅对这些农药特别敏感，容易引起中毒。

【病因】鹅只采食、误食或偷吃喷过有机磷杀虫剂的农作物、蔬菜或牧草等；农业生产用对硫磷、甲拌磷和敌百虫杀灭害虫，用甲拌磷、乙拌磷和棉安磷溶液浸泡种子，如果鹅只不慎误食了这些种子可引起中毒；水源被有机磷污染，如在池塘、水槽等饮水处配制农药，或洗涤装过剧毒有机磷农药的器具等不慎污染了水源，引起鹅只中毒；使用敌百虫杀灭鹅体外寄生虫或用敌敌畏在鹅舍内灭蚊时，所用浓度过大而造成鹅只中毒。

有机磷的毒性作用主要是通过皮肤、呼吸道和消化道吸收后与体内的胆碱酯酶结合，形成磷酰化胆碱酯酶，使胆碱酯酶失去活性，丧失催化乙酰胆碱水解的能力，导致体内乙酰胆碱蓄积过多而出现中毒症状。

【临床症状】最急性中毒，往往在未出现明显临诊症状之前鹅只突然倒地死亡。急性中毒的鹅只则表现不安，瞳孔缩小，食欲废绝，频频排粪，继而张口呼吸，不会鸣叫。后期体温下降，窒息倒地而死亡；中毒较严重的病例表现的典型症状为口流白沫，不断出现吞咽动作，流涎，流泪。张口呼吸，运动失调，两脚无力，站立不稳，行走摇晃不定或后肢麻痹。瞳孔缩小。不会鸣叫。频频摇头，并从口中甩出饲料。全身发抖，肌肉振颤。泄殖腔括约肌急剧收缩，频频拉出稀粪。最后体温下降，昏迷倒地窒息而死。

【病理变化】胃内容物有特殊的大蒜气味，胃肠黏膜出血、脱落和出现不同程度的溃疡；肝、肾肿大，质变脆，并有脂肪变性；肺充血水肿，心肌、心冠脂肪有出血点，血液呈现暗黑色。

【防制】

1. 预防措施

妥善保管、储存和使用好农药，严禁在禽场附近存放和使用此类农药。使用过农药的农田附近的沟塘和田间，禁止放牧家禽。驱虫时，也应注意选择安全性高的药品。

2. 发病后的措施

发现中毒，立即停喂被污染的饲料和饮水。

处方 1：氯磷定，成年鹅立即肌内注射 1 毫升、鹅肌内或皮下注射 0.2～0.5 毫升（每毫升含解磷定 40 毫克），只要抢救及时，注射后数分钟症状即有所缓解。也可配合肌内注射硫酸阿托品注射液，鹅注射 1 毫升（每毫升含硫酸阿托品 0.5 毫克），以后每隔 30 分钟服用 1 片阿托品，一般喂服 2～3 次；雏禽可内服阿托品 1/3～1/2 片，以后按每只 1/10 片的剂量溶于水饮服，每隔 30 分钟 1 次，连用 2～3 次。

处方 2：早期中毒，可采取嗉囊切开术，用 0.1%的高锰酸钾冲洗，同时每禽肌注 0.5%阿托品溶液 0.2～0.5 毫升，鹅可注射 1 毫升。必要时 2 小时后重复注射。也可使用特效解毒剂解磷定肌注解救，每禽 0.2～0.5 毫升。

处方 3：经皮肤或口腔中毒者，迅速用 5%碳酸氢钠溶液或 1%食醋，洗涤皮肤或灌服。

处方 4：对尚未出现症状的，每只鹅口服 1 毫升阿托品。

六、有机氯农药中毒

有机氯中毒是指家禽摄入有机氯农药引起的以中枢神经机能紊乱为特征的中毒病。有机氯农药包括六六六、滴滴涕（DDT、二二三）、氯丹、碳氯灵等。

【病因】用有机氯农药杀灭体表寄生虫时，用量过大或体表接触药物的面积过大，经过皮肤吸收而中毒；采食被该类农药污染饲料、植物、牧草或拌过农药的种子而引起中毒；饮服了被有机氯农药污染的水而中毒。因这类农药对环境污染和对人类的危害大，我国已停止生产。但还有相当数量的有机氯农药流散在社会，由于管理使用不当，引起家禽中毒。

【临床症状和病理变化】急性中毒时，先兴奋后抑制，表现不断鸣叫，两翅扇动，角弓反张，很快死亡。短时内不死者，则很快转为精神沉郁，肌肉震颤，共济失调，卧地不起，呼吸加快，口鼻分泌物增多，最后昏迷、衰竭死亡。慢性中毒时，常见肌肉震颤，消瘦，多从颈部开始震颤，再扩散到四肢。预后不良。腺胃、肌胃和肠道出血、溃疡或坏死。肝脏肿大、变硬，肾脏肿大、出血，肺脏出血。

【防制】

1. 预防措施

禁止到喷洒过有机氯农药的牧地和水域放牧。

2. 发病后措施

每只病禽肌注阿托品 0.2～0.5 毫升。若毒物由消化道食入，则用1%石灰水灌服，每只禽10～20毫升。经皮肤接触而引起中毒，则用肥皂水刷洗羽毛和皮肤。每只禽灌服硫酸钠1～2天有利于消化道毒物排出。

第五章　鹅普通病的类症鉴别诊断及防治

一、感冒

【病因】 感冒是家禽的一种常见疾病，由于气温骤变，家禽突然受寒冷袭击引起的以呼吸道感染为主的全身发热性疾病，临床上以鼻炎、结膜炎、咳嗽和呼吸增快为特征。多发生于雏禽。

【临床症状和病理变化】 本病最常见的原因是寒冷的刺激。病禽精神沉郁，体温升高，羽毛松乱，鼻流清涕，眼结膜发红，流泪，打喷嚏，行动迟缓，食欲降低或不吃食，怕冷挤堆，有的上呼吸道感染或继发支气管炎或肺炎，咳嗽夜间尤甚，呼吸粗粝，最终因继发肺炎而死亡。剖检可见鼻腔有黏液蓄积，喉部有炎症病变，并有多量黏液，气管内有炎性渗出物积聚，肺充血肿大。

【防制】

1. 预防措施

加强饲养管理，做好育雏室的保温工作（32℃左右），密度适中，采光和通风良好，防止贼风侵袭。水禽放牧在外面放养时，要注意天气变化，遇有风雨，特别是严冬遇恶劣天气，要及时赶进舍内避风寒，夏天防止雨淋（尤其是暴风面）。在饲料中添加少量的鱼肝油或维生素 A，可以增强抗病力。

2. 发病后措施

阿司匹林，每天每 100 只病禽用 0.5～1 克拌料饲喂，连用 2～3 天。饲料中拌入 0.02%的土霉素，连用 3～4 天；或长效磺胺，首次按每千克体重 0.2 克，以后减半，每天 1 次。

二、鹅喉气管炎

【病因】鹅喉气管炎是由于鹅受寒冷刺激及各种有刺激性的气体（如氨气、二氧化碳等）的刺激，而引起喉及气管的炎症过程。

【临床症状和病理变化】临床上以鼻孔有多量黏液流出，呼吸困难，并有“咯咯”的呼吸声为特征。主要表现为鼻有多量黏液流出，喉头有白色黏液附着，常张口伸颈，呼吸困难，并有“咯咯”的呼吸声，特别是驱赶后表现更为明显。病初精神尚好，食欲时有减退，但喜饮清水，随病情恶化，食欲废绝，体温升高，几天后死亡。剖检可见喉、气管黏膜充血、水肿，甚至有出血点，

并有黏液附着。胆汁浓稠，心包积液。

【防制】

1. 预防措施

平时要加强饲养管理，防止受寒，保持鹅舍清洁、干燥及通风良好。

2. 发病后措施

处方 1：病鹅可按每千克体重肌内注射青霉素 1 万单位，链霉素每千克体重 0.01 克，每天 1～2 次。

处方 2：口服土霉素每只 0.1～0.5 克，每天 1 次，连用 2～3 天。

处方 3：柴胡 50 克，知母 50 克，二花 50 克，连翘 50 克，枇杷叶 50 克，莱菔子 50 克，煎水 1000 毫升（解表清热，化痰止咳）。1000 只 4 日龄雏鹅拌料早、晚各 1 次，每日 1 剂。

三、鹅中暑

鹅中暑是家禽热射病与日射病的总称。

【病因】由于烈日暴晒，环境气温过高导致家禽中枢神经紊乱，心衰猝死的一种急性病。本病常发生于炎热季节，家禽群处于烈日暴晒之下或处于闷热的栏舍中，会突然发生零星的或众多的禽只猝死，且以体型肥胖的禽只易发病。

【临床症状和病理变化】本病的特征症状是禽群突然发病，患禽一般表现为烦躁不安，战栗，两翅张开，走路摇摆，站立不稳，呼吸急促，体温升高，跌倒在地翻滚，两脚朝天，在水中不时扑打翅膀，最后昏迷、麻痹、痉挛死亡。剖检可见禽大脑实质及脑膜不同程度充血、出血。其他组织亦可见有出血，另外，刚死亡的禽只，其胸腹内温度升高，热可灼手。

【防制】

1. 预防措施

（1）防暑降温　加强禽舍内通风换气，有条件的可安装排气扇、吊扇，增加空气流通速度，保证室内空气新鲜；在禽舍周围栽阔叶树木遮阴或搭盖阴棚，窗户上也要安装遮阳棚，避免阳光直射；每天向禽舍房顶喷水或鸡体喷雾1～2次（下午2时左右，晚上7时左右），有防暑降温之效。

（2）充分供应饮水　高温季节家禽饮水量是平时的7～8倍，要保证饮水的供应。为有效控制热应激发生，可在饮水中加入0.15%～0.30%氯化钾、0.5%小苏打（碳酸氢钠）和按150～200毫克/千克的比例添加维生素C。

（3）调整营养结构　适当调整饲料营养水平，在饲料中添加2%～3%脂肪，可提高家禽的抗应激能力。在产蛋禽日粮中加喂1.5%动物脂肪（需同时加入乙氧喹类等抗氧化剂），能增强饲料适口性，提高产蛋率和饲料转化利用率；提高日粮中甲硫氨酸和赖氨酸含量；加倍补充B族维生素和维生素E，可增强家禽的抗应激能力。同时，在饲料中添加0.004%～0.01%杆菌肽锌，可降低热应激，提高饲料转化率。

（4）药物保健　添加大蒜素。大蒜素具有抗菌杀虫、促进采食、帮助消化和激活动物免疫系统的作用，可在饲料中按说明添加使用。此外，将生石膏研成细末，按0.3%～1%混饲，有解热清火之效。添加中药。方剂：滑

石60克、薄荷10克、藿香10克、佩兰10克、苍术10克、党参15克、二花10克、连翘15克、栀子10克、生石膏60克、甘草10克，粉碎过100目筛混匀，以1%比例混料，每日上午10时喂给，可清热解暑，缓解热应激。

(5) 加强饲养管理　坚持每天清洗饮水设备，定期消毒。及时清理禽粪，消灭蚊蝇。改进饲喂方式，以早晚进行饲喂为主。减少对家禽的惊扰，控制人员、车辆出入，防止病原菌传入。放牧应早出晚归，并选择凉爽的地方放牧。

2. 发病后措施

禽群一旦发生中暑，应立即进行急救，把鹅赶入水中降温，或赶到阴凉的地方，给予充足清洁饮水，并用冷水喷淋头部及全身；个别患禽还可放在冷水里短时间浸泡。

处方1：喂服酸梅加冬瓜水或3%～5%红糖水解暑。少量鹅发病时，可口服2%～3%冷盐水，也可用冷水灌肠（如家禽体温很高，不宜降温太快）。

处方2：病重的小鹅每只可喂仁丹半粒和针刺翼脉、脚盘穴。

处方3：中暑严重的鹅可放脚趾静脉血数滴。不定时让家禽饮用5%～10%绿豆糖水和维生素C溶液。

处方4：甘草、鱼腥草、银花、生地、香薷各等份煎水内服，按每只鸭0.5克干品的剂量，取每天1剂，连服2剂。

处方5：藿香、金银花、板蓝根、苍术、龙胆草各等份混合研末（消暑散），按1%的比例添加到饲料中。

处方6：甘草3份、薄荷1份、绿豆10份，煎汤让鸭自由饮服。

处方7：藿香、金银花、板蓝根、苍术、龙胆草各等份混合研末（消暑散），按 1% 的比例添加到饲料中。

四、禽输卵管炎

【病因】饲喂过多的动物性饲料，饲料中缺乏维生素 A、维生素 D、维生素 E，产过大的双黄蛋，卵在输卵管中破裂，细菌侵入等均可引起本病。

【临床症状】主要症状是排出黄白色脓样分泌物，污染肛门周围的羽毛。产蛋困难有痛感，蛋壳上常带有血迹。随着病程发展，疼痛不安，体温升高，有时呈昏睡状，常卧地不起，走路腹部着地。炎症蔓延可引起腹膜炎。本病常继发输卵垂脱，蛋滞。

【防制】

1. 预防措施

搞好环境卫生和消毒工作，保证饲料中充足的维生素供给，做好禽流感、传染性支气管炎和新城疫等疾病预防工作。

2. 发病后措施

发现病立即隔离饲养，及时检查，并助产。

处方 1：用 0.5% 高锰酸钾、0.01% 新洁尔灭或 3% 硼酸溶液或普息宁 1∶100 稀释进行冲洗泄殖腔和输卵管。然后注入青霉素和链霉素。

处方 2：用土霉素拌料喂服禽群。

五、泄殖腔外翻（脱肛）

泄殖腔外翻主要是指输卵管或泄殖腔翻出肛门之外

造成的一种疾患，初产或高产母禽易发生此病。

【病因】

1. 营养因素

蛋白质含量增加，喂料过多，维生素缺乏，使产蛋多或大，产蛋时用力过度造成脱肛。

2. 管理因素

密度过大，通风不良，饮水不足，光照不合理，地面潮湿，卫生条件差，泄殖腔发炎等造成脱肛。

3. 疾病因素

患胃肠炎或其他病导致腹泻，产蛋时用力过度而脱肛。

4. 应激因素

惊吓、响声对产蛋禽是超强刺激，使输卵管外翻不能复位而脱肛。

【临床症状】病初肛门周围的绒毛湿润，从肛门流出白色或黄色黏液，随之呈肉红色的泄殖腔脱出肛门外，颜色渐变为暗红色，甚至紫色，粪便难于排出。脱出部分发炎、水肿甚至溃烂，脱出物常引起其他禽啄食，病禽最后死亡。

【防制】

1. 预防措施

注意饲养密度和舍温适宜，通风良好，给水充足，及时清除粪便，保持地面干燥，在日粮中增加维生素和矿物质。发现病禽，及时隔离，防止啄食。

2. 发病后的措施

处方 1：外翻泄殖腔用 0.1% 高锰酸钾或硼酸水或明矾水冲洗，涂布消炎软膏，并以消毒纱布托着缓慢送回，然后进行肛门烟包缝合，保持 3～5 天。

处方 2：用 1% 普鲁卡因溶液清洗外翻泄殖腔，并于肛门周围作局状麻醉，以减少发炎和疼痛，减少努责，避免再度外翻。或整复后倒吊 1～2 小时，内服补中益气丸，每次 15～20 粒，每天 1～2 次，连用数日。

六、难产

母禽产蛋过程中，超过正常时间不能将蛋产出时，称为禽的难产。鸡、鸭、鹅等均可发生。

【病因】 主要原因是输卵管炎，或蛋过大，或输卵管狭窄、扭转或麻痹；因啄肛而造成的肛门瘢痕、输卵管脓肿等，也可造成禽的难产。

【临床症状】 难产母禽主要表现为羽毛逆立，起卧不安，频繁努责，全身用力做产蛋动作却又产不出蛋。有时蜷曲于窝内，呼吸急促。齿立后可见到后腹部膨大，向下脱垂。触诊此处可明显感觉到有硬的蛋。

【防制】

1. 预防措施

注重禽群培育期的骨骼发育；保持饲料中适量的蛋白质和减少输卵管炎症。

2. 发病后措施

泄殖腔内注入 10 毫升液状石蜡，再由前向后逐渐挤

压，也可将手伸入泄殖腔，将蛋挤碎，使内容物流出，再抠出蛋壳，并在输卵管中注入40万单位青霉素。

七、皮下气肿

皮下气肿是幼鹅的一种常见外伤性疾病。

【病因】多见于粗暴捕捉使颈部气囊及腹部气囊破裂；也可因尖锐异物刺破气囊或乌喙骨和胸骨等有气腔的骨骼发生骨折，均可使气体积聚于皮下，造成皮下气肿。本病多发于1～2周龄的幼鸭，常发生颈部皮下气肿，俗称气脖子或气嗉子。

【临床症状】颈部气囊破裂时，可见颈部羽毛逆立，颈的基部或整个颈部气肿，以致头部和舌系带下部出现鼓气泡。腹部气囊破裂或颈部气体向下蔓延时，可见胸腹围增大，皮肤紧张，叩诊呈鼓音。如延误治疗，则气肿继续增大，病鹅精神沉郁，呆立，呼吸困难，饮、食欲废绝，衰竭死亡。本病无其他明显病变，仅见气肿部皮下充满气体。根据本病特殊的症状不难作出诊断。

【防制】

1. 预防措施

主要是避免粗暴捉鹅和鹅群的拥挤，摔伤和踩伤。

2. 发病后措施

刺破膨胀皮肤，放出气体。注意须多次放气，或用烧红的烙铁在膨胀部烙个缺口，使伤口暂不愈合而持续放气，患鸭可逐渐自愈。

八、异食癖

鹅异食癖（恶食癖或啄癖）是鹅的一种因多种原因引起的代谢机能紊乱性综合征，表现为摄食通常认为无营养价值或根本不应该吃的东西的癖好，如食羽、食蛋、食粪等。

【病因】异食癖的原因非常复杂，常常找不到确定的原因，被认为是综合性因素的结果。

1. 日粮营养成分缺乏、不足或其比例失调

日粮中蛋白质和某些必需氨基酸如赖氨酸、蛋氨酸、色氨酸等缺乏或不足；日粮缺乏某些矿物质或矿物质不平衡，如钠、钙、磷、硫、锌、锰、铜等，尤其钠、锌等缺乏可引起味觉异常，引起异食。饲料中某些维生素的缺乏与不足，尤其是维生素 A、维生素 D 及 B 族维生素缺乏，如维生素 B_{12}、叶酸等的缺乏可引起食粪癖

2. 饲养管理不当

如密度过高，光线过强，噪声过大，环境温度、湿度过高或过低，混群饲养，外伤、过于饥饿等，常造成异食癖。

3. 疾病

继发于一些慢性消耗性疾病，如寄生虫病或泄殖腔炎、脱肛、长期腹泻等疾病。

【临床症状】根据异食癖发生的类型不同表现也不一样。食肛则肛门周围破裂、流血，严重的肠道或子宫也可被拖出肛门外，可引起死亡；食羽则背部常无毛，有

的留有羽根，皮肤出血破损；另有表现为啄食蛋，啄食地面水泥、墙上石灰，啄食粪便等嗜好的。啄癖往往首先在个别鹅发生，以后迅速蔓延。

【防制】

1. 预防措施

加强饲养管理，使用全价日粮，保证良好的环境条件。应注意纠正不合理的饲养管理方法，积极治疗某些原发性疾病。

2. 发病后措施

发现啄癖后，首先隔离“发起者”和“受害者”，采取综合分析的办法尽快找出原因，采取缺什么补什么的措施。对肛门出血的被啄鹅，可用0.1%高锰酸钾溶液洗患部后涂磺胺软膏。

处方1：啄羽癖可增加蛋白质的喂量，增喂含硫氨基酸、维生素、石膏等；啄蛋癖者若以食蛋壳为主，要增加钙和维生素D；若以食蛋清为主，要增加蛋白质；若蛋壳和蛋清均食，同时添加蛋白质、钙和维生素D。

处方2：可采用2%氯化钠饮水，每日半天，连用2～3天；饲料中添加生石膏粉，每天每只雏0.5～3克，连用3～4天；饲料中添加1%小苏打，连用3～5天等。

处方3：饲料中添加3%～4%羽毛粉，连续饲喂1～2周。

九、公鹅生殖器官疾病

【病因】公鹅在寒冷天气配种，阴茎伸出后被冻伤，不能内缩，因而失去配种能力；也有的因公、母比例不当，公鹅长期滥配而过早地失去配种能力；再者，在水里配种时，阴茎露出后被蚂蟥咬伤，使阴茎受到感染发炎而失去配种能力。

【临床症状】公鹅生殖器官疾病的表现是阴茎露出后不能缩回，阴茎红肿，甚至感染化脓。如因交配频繁，则阴茎露出呈苍白色，久之变成暗红色。公鹅阳症者，则虽有爬跨，但阴茎伸不出来，无法交配。

【防制】

1. 预防措施

合理调整公、母配种比例，一般应为1∶(4～6)。另外，在母鹅产蛋期到来之前，提早给公鹅补料。

2. 发病后措施

淘汰阳症和阴茎已呈暗红色的鹅。

当阴茎受冻垂出在外，不能缩回时，应及时用温水温敷，或用0.1%高锰酸钾温热溶液冲洗干净，涂以抗生素软膏或三磺软膏，并矫正其位置。

附录

一、鹅的生理指标

见附表1。

附表1　鹅的几种生理常数

体温/℃	心跳/(次/每分钟)	呼吸/(次/每分钟)	血红蛋白/(克/每百毫升)	红细胞数/(百万个/每立方毫米)	白细胞分类平均值/%[白细胞数为(2.67±0.26)百万个/每立方毫米]				
					淋巴细胞	单核细胞	嗜碱性粒细胞	嗜酸性粒细胞	异嗜白细胞
40.5～42	120～200	15～30	14.9	2.71	57.5	3.5	1.5	3.5	34

二、鹅疾病常见症状及鉴别诊断表

见附表2。

附表2　鹅疾病常见症状及鉴别诊断表

引起鹅神经症状及运动障碍的常见疾病鉴别诊断		
病名	症状	鉴别诊断
禽流感	①脚软,走动摇摆,头颈触地,倒地仰翻,两脚呈游泳状摆动	①各种日龄均可感染 ②喙和蹼呈紫红色 ③眼睛流泪,结膜潮红

续表

病名	症状	鉴别诊断
禽流感	② 头颈扭曲呈“s”状或类似角弓反张姿势	④ 胰腺出血，表面有针尖大小坏死点或多个透明样坏死灶 ⑤ 心冠脂肪、心肌出血，有坏死灶
小鹅瘟	濒死前头颈伏地、两肢麻痹或出现扭颈抽搐等	① 集中在2周龄内发病，传播快，死亡率高 ② 肠腔中形成的一种淡灰白色或淡黄色纤维素凝固“肠栓”
鹅副黏病毒病	扭头、转圈或歪脖等神经症状	① 雏鹅发病率和病死率高达95%以上 ② 排黄绿色稀粪，口腔常流出样液体 ③ 腺胃乳头及黏膜出血 ④ 其他内脏器官及消化道出血
鹅食盐中毒	① 两脚无力，行走困难或完全麻痹瘫痪 ② 头颈弯曲，胸腹朝天挣扎，头颈不断旋转	① 饮水量大增，食道膨大部扩张膨大，口鼻有淡黄色分泌物 ② 皮下结缔组织水肿，切开流出黄色透明液体，皮下脂肪呈胶冻样
磺胺类药物中毒	① 兴奋不安，痉挛，麻痹 ② 头颈弯曲，扑翅向前	① 有过量或长期使用磺胺类药物的病史 ② 皮下有太小不等的斑状出血，胸部肌肉弥漫性或剩状出血，腿肌斑状出血，血液稀薄，凝固不良；输尿管增粗，充满白色尿酸盐
黄曲霉素中毒	① 死前头颈呈角弓反张 ② 突然发病，严重跛行，步态摇晃	① 检查饲料有霉变味道 ② 雏鸭或雏鹅死亡率高，肝脏苍白变淡或呈淡黄色，有出血斑点 ③ 胰腺有出血点，肾脏呈淡黄色
维生素B_1、维生素B_2缺乏症	① 脚软无力，伸腿痉挛或蹦跳乱奔 ② 扭头歪颈或就地转圈或倒地抽搐	① 雏鹅皮肤水肿 ② 胃肠道萎缩，十二指肠溃疡
维生素E、硒缺乏症	① 两腿无力，行走步态不稳或头颈左右摆动 ② 头颈弯曲，有时呈角弓反张姿势	① 胸、腿肌苍白，出现灰白色条纹状坏死 ② 头颈、腹部等皮下积满黄绿色液体 ③ 脑水肿，有黄绿色混浊的坏死区

续表

病名	症状	鉴别诊断
引起鹅呼吸困难的常见疾病鉴别诊断		
禽流感	① 呼吸急促，喘气或张口呼吸 ② 咳嗽，流泪	① 各种日龄均可感染 ② 流泪、红眼，脚软无力，喙和蹼呈紫红色，死亡快 ③ 头颈触地，倒地仰翻或头颈扭曲呈“S”状 ④ 胰腺有出血斑，表面有灰白色或透明样坏死灶
雏鹅细小病毒病	呼吸急促，甩头或张口呼吸，喘气频繁，流鼻液	① 集中在3周龄内发病，发病率和死亡率较高 ② 空肠和回肠有的肠段出现极度膨大，形成香肠状，内容物为灰白色或淡黄色的栓子状物 ③ 胰腺苍白，充血或局灶性出血，表面有数量不等针尖大的灰白色坏死点
小鹅瘟	喙端和蹼的色泽变深发绀	① 集中在2周龄内发病，传播快，死亡率高 ② 肠腔中形成的一种淡灰白色或淡黄色纤维素凝固“肠栓”
支原体病（慢性呼吸道病）	① 打喷嚏，咳嗽，甩头，有鼻液 ② 呼吸加快，常发出“咯咯”声	① 眶下窦肿胀，眼有渗出物 ② 气囊内有黄色干酪样渗出物或念珠状结节 ③ 胸腹腔常有灰白色干酪样物质
曲霉菌病	呼吸急促，张口呼吸，呼气常发出“嘎嘎”声	肺部出现局灶性或坏死性肺炎，有针尖大至粟粒大或更大的结节
鹅口疮（白色念珠菌病）	呼吸急促，频频伸颈张口呈喘气状，叫声嘶哑	口腔、喉头、食管等上部消化道黏膜形成伪膜和溃疡
气管吸虫病	咳嗽和气喘，后渐加剧，叫声嘶哑，呼吸困难，喉头发“咔咔”声	从咽喉至肺细支气管出现充血，管腔内积有较多的黏液，在气骨及支气管管壁上可找到很多虫体
隐孢子虫病	张口喘气、咳嗽，可听到湿性啰音，叫声嘶哑，一侧或两侧眶下窦肿胀	① 消化道、法氏囊和泄殖腔黏膜涂片染色可找到淡红色的球状虫体。 ② 眶下窦肿大，内有大量淡黄色液体，镜检可见内有隐孢子虫卵囊

续表

病名	症状	鉴别诊断
一氧化碳中毒	流泪,咳嗽,呼吸困难,嗜睡	多数发生在低温寒冷季节,用煤炉炭加温保暖且通风不良的鸭鹅舍
引起鹅心脏、肝脏有出血斑点及坏死斑点的常见疾病鉴别诊		
禽流感	① 心冠脂肪和心肌有出血点或出血斑、灰白色坏死斑 ② 肝脏瘀血或有出血	① 各种日龄均可感染 ② 流泪、红眼,脚软无力,头颈触地,倒地仰翻,喙和蹼呈紫红色,死亡快 ③ 心肌有灰白色坏死斑,或呈白色条纹坏死血斑 ④ 胰腺表面有大量针尖大小的白色坏死点或多个透明(或褐色)坏死灶
鹅的鸭瘟病	① 心冠脂肪、心肌外膜有出血斑点 ② 肝脏出血或有血点,表面有大小不灰白色坏死小点	① 成年鹅的发病和死亡较为严重 ② 喉头、食道黏膜表面覆盖着黄色伪膜,食道黏膜有纵行排列出血带 ③ 在肝脏坏死灶(点)中有出血小点
禽霍乱	① 心冠脂肪和心肌有出血点 ② 肝脏表面有针尖大小的灰白色坏死点	① 肠道严重出血,肠内容物呈胶冻样 ② 腹部皮下脂肪出血或有出斑斑点
沙门菌病(副伤寒)	肝脏常有细小的灰白色坏死点	① 肝脏呈红黑色或古铜色,有些可见条纹状出血 ② 肠内部呈糠麸样坏死,盲肠内有干酪样物质形成的栓子
引起鹅纤维素性心包炎、肝周炎和气囊炎的常见疾病鉴别诊断		
禽流感	① 纤维素性心包炎 ② 纤维素性气囊炎	① 各种日龄均可感染 ② 流泪、红眼,脚软无力,头颈触地,倒地仰翻,喙和蹼呈紫红色,死亡快 ③ 心肌有灰白色坏死斑,或呈白色条纹坏死 ④ 胰腺表面有大量针尖大小白色坏死点或多个透明(或褐色)坏死灶

续表

病名	症状	鉴别诊断
大肠杆菌病	① 心包膜和心外膜粘连，心脏被一层不同厚度的灰白色纤维素性薄膜包裹 ② 肝脏肿大，表面被一层不同厚度的灰白色纤维素性薄膜覆盖	① 纤维性气囊炎，气囊混浊表面附着黄白色干酪样渗出物 ② 腹腔常有腐败气味 ③ 心、肝纤维素性包膜易剥离
衣原体病	纤维素性心包炎、肝周炎，表面覆盖一层灰白色或黄色纤维素性薄膜	眼结膜炎和鼻炎，眼和鼻孔流出浆液性或脓性分泌物
痛风	在心包炎、肝脏、气囊表面覆盖有尿酸盐沉着物	① 肝脏肿大、质脆，肾脏肿大、呈花斑状，输尿管充满石灰样沉淀物 ② 有时可见关节表面和关节周围组织中有白色尿酸盐沉积
引起鹅产蛋率下降、产畸形蛋的常见疾病鉴别诊断		
禽流感	产蛋率明显下降，产小型蛋、畸形蛋	① 各种日龄均可感染 ② 流泪、红眼，脚软无力，头颈触地，倒地仰翻，喙和蹼呈紫红色，死亡快 ③ 心肌有灰白色坏死斑，或呈白色条纹坏死 ④ 胰腺表面有大量针尖大小白色坏死点或多个透明(或褐色)坏死灶
产蛋下降综合征	产蛋率急剧下降，产变形蛋、薄壳蛋和软壳蛋	① 常集中在产蛋高峰期发病 ② 无明显临床症状和死亡病例
前殖吸虫病	产蛋率下降，产薄壳蛋、软壳蛋、畸形蛋，或排出卵黄、少量蛋清	腹部膨大，泄殖腔突出肛门边缘、潮红，输卵管黏膜严重充血增厚，在黏膜上可找到虫体
维生素D缺乏症	产蛋率下降，产薄壳蛋、软壳蛋	① 喙、爪变软，龙骨变形或弯曲 ② 种蛋孵化率低

三、无公害食品——鹅饲养兽医防疫准则（NY/T 5266—2004）

1. 范围

本标准规定了生产无公害食品的鹅饲养场在疫病预防、监测、控制和扑灭方面的兽医防疫准则。

本标准适用于生产无公害食品的鹅饲养场的兽医防疫。

2. 规范性引用文件

下列文件中的条款通过本标准的引用而成为本标准的条款。凡是注日期的引用文件，其随后所有的修改单（不包括勘误的内容）或修订版均不适用于本标准，然而，鼓励根据本标准达成协议的各方研究是否可使用这些文件的最新版本。凡是不注日期的引用文件，其最新版本适用于本标准。

GB 16548 畜禽病害肉尸及其产品无害化处理规程

GB/T 16569 畜禽产品消毒规范

NY/T 388 畜禽场环境质量标准

NY 5027 无公害食品　畜禽饮用水水质

NY/T 5267 无公害食品　鹅饲养管理技术规范

中华人民共和国动物防疫法

中华人民共和国兽用生物制品质量标准

3. 术语和定义

下列术语和定义适用于本标准。

3.1 动物疫病 animal epidemic diseases

动物的传染病和寄生虫病。

3.2 动物防疫 animal epidemic prevention

动物疫病的预防、控制、扑灭和动物、动物产品的

检疫。

4. 疫病预防

4.1 环境卫生条件

4.1.1 鹅饲养场的环境卫生质量应符合 NY/T 388 的要求，污水、污物处理应符合国家环保要求。

4.1.2 鹅饲养场的选址、建筑布局及设施设备应符合 NY/T 5267 的要求。

4.1.3 自繁自养的鹅饲养场应严格执行种鹅场、孵化场和商品鹅场相对独立，防止疫病相互传播。

4.1.4 病害肉尸的无害化处理和消毒分别按 GB 16548 和 GB/T 16569 进行。

4.2 饲养管理

4.2.1 鹅饲养场应坚持“全进全出”的原则。引进的鹅只应来自经畜牧兽医行政管理部门核准合格的种鹅场，并持有动物检疫合格证明。运输鹅只所用的车辆和器具必须彻底清洗消毒，并持有动物及动物产品运载工具消毒证明。引进鹅只后，应先隔离观察 7～14 天，确认健康后方可解除隔离。

4.2.2 鹅的饲养管理、日常消毒措施、饲料及兽药、疫苗的使用应符合 NY/T 5267 的要求，并定期进行监督检查。

4.2.3 鹅的饮用水应符合 NY 5027 的要求。

4.2.4 鹅饲养场的工作人员应身体健康，并定期进行体检，在工作期间严格按照 NY/T 5267 的要求进行操作。

4.2.5 鹅饲养场应谢绝参观。特殊情况下，参观人员在消毒并穿戴专用工作服后方可进入。

4.3 免疫接种

鹅饲养场应根据《中华人民共和国动物防疫法》及其配套法规的要求，结合当地实际情况，有选择地进行疫病的预防接种工作。选用的疫苗应符合《中华人民共和国兽用生物制品质量标准》的要求，并注意选择科学的免疫程序和免疫方法。

5. 疫病监测

5.1 鹅饲养场应依照《中华人民共和国动物防疫法》及其配套法规的要求，结合当地实际情况，制定疫病监测方案并组织实施。监测结果应及时报告当地畜牧兽医行政管理部门。

5.2 鹅饲养场常规监测的疫病至少应包括禽流感、鹅副黏病毒病、小鹅瘟。除上述疫病外，还应根据当地实际情况，选择其他一些必要的疫病进行监测。

5.3 鹅饲养场应配合当地动物防疫监督机构进行定期或不定期的疫病监督抽查。

6. 疫病控制和扑灭

6.1 鹅饲养场发生疫病或怀疑发生疫病时，应依据《中华人民共和国动物防疫法》，立即向当地畜牧兽医行政管理部门报告疫情。

6.2 确认发生高致病性禽流感时，鹅饲养场应积极配合当地畜牧兽医行政管理部门，对鹅群实施严格的隔离、扑杀措施。

6.3 发生小鹅瘟、鹅副黏病毒病、禽霍乱、鹅白痢与伤寒等疫病时，应对鹅群实施净化措施。

6.4 当发生 6.2、6.3 所述疫病时，全场进行清洗消

毒，病死鹅或淘汰鹅的尸体按 GB 16548 进行无害化处理，消毒按 CB/T 16569 进行，并且同群未发病的鹅只不得作为无公害食品销售。

7. 记录

每群鹅都应有相关的资料记录，其内容包括鹅种及来源、生产性能、饲料来源及消耗情况、用药及免疫接种情况、日常消毒措施、发病情况、实验室检查及结果、死亡率及死亡原因、无害化处理情况等。所有记录应有相关负责人员签字并妥善保存 2 年以上。

四、饲料及添加剂卫生标准

《饲料卫生标准》（GB 13078—2001）1991 年制订，2001 年进行了修订，它规定了饲料、饲料添加剂原料和产品中有害物质及微生物的允许量及其试验方法，是强制实行标准。具体规定见附表 3。

附表 3　饲料与饲料添加剂卫生标准

序号	卫生指标项目	产品名称	指标	试验方法	备注
1	砷（以总砷计）的允许量/（毫克/千克）	石粉	≤2.0	GB/T 13079	不包括国家主管部门批准使用的有机砷制剂中的砷含量
		硫酸亚铁、硫酸镁			
		磷酸磷	≤20.0		
		沸石粉、膨润土、麦饭石	≤10.0		
		硫酸铜、硫酸锰、硫酸锌、碘化钾、碘酸钙、氯化钴	≤5.0		
		氧化锌	≤10.0		
		鱼粉、肉粉、肉骨粉	≤10.0		
		家禽、猪配合饲料	≤2.0		

续表

序号	卫生指标项目	产品名称	指标	试验方法	备注
1	砷(以总砷计)的允许量/(毫克/千克)	猪、家禽浓缩料	≤10.0		以在配合饲料中20%的添加量计
		猪、家禽添加剂预混料			以在配合饲料中1%的添加量计
2	铅(以Pb计)的允许量/(毫克/千克)	生长鸭、产蛋鸭、肉鸭配合饲料	≤5	GB/T 13080	
		骨粉、肉骨粉、鱼粉、石粉	≤10		
		磷酸盐	≤30		
3	氟(DAF计)的允许量/(毫克/千克)	鱼粉	≤500	GB/T 13083	高氟饲料用HG 2636—1994中4.4条
		石粉	≤2000		
		磷酸盐	≤1800	HG 2636	
		骨粉、肉骨粉	≤1800	GB/T13083	
		猪、禽添加剂预混料	≤1000		以在配合饲料中1%的添加量计
4	霉菌的允许量/(每千克产品中霉菌数×10³个)	玉米	<40	GB/T13092	限量饲用:40～100,禁用:>100
		小麦麸、米糠			限量饲用:40～100,禁用:>80
		豆饼(粕)、棉子饼(粕)、菜子饼(粕)	<50		限量饲用:50～100,禁用:>100
		鱼粉、肉骨粉	<20		
		鸭配合饲料	<35		限量饲用:20～50禁用:>50

续表

序号	卫生指标项目	产品名称	指标	试验方法	备注
5	黄曲霉毒素 B_1 允许量/(微克/千克)	玉米、花生饼、棉籽饼、菜籽饼或粕	≤50	GB/T 17480 或 GB/T 8381	
		豆粕	≤30		
		肉用仔鸭前期、雏鸭配合饲料及浓缩饲料	≤10		
		肉用仔鸭后期、生长鸭、产蛋鸭配合饲料及浓缩饲料	≤15		
6	铬(以 Cr 计)的允许量/(毫克/千克)	皮革蛋白粉	≤200	GB/T 13088	
		鸡配合饲料、猪配合饲料	≤10		
7	汞(以计)的允许量/(毫克/千克)	鱼粉	≤0.5	GB/T 13081	
		石粉、鸡配合饲料、猪配合饲料	≤0.1		
8	镉(以 Cd 计)的允许量/(毫克/千克)	米糠	≤1.0	GB/T 13082	
		鱼粉	≤2.0		
		石粉	≤0.75		
9	氰化物(以 HCN 计)的允许量/(毫克/千克)	木薯干	≤100	GB/T 13084	
		胡麻饼(粕)	≤350		
		鸡配合饲料、猪配合饲料	≤50		
10	亚硝酸盐(以 $NaNO_2$ 计)的允许量/(毫克/千克)	鱼粉	≤60	GB/T 13085	
		鸡配合饲料、猪配合饲料	≤15		
11	游离棉酚的允许量/(毫克/千克)	棉籽饼、粕	≤1200	GB/T 13086	
		肉用仔鸡、生长鸡配合饲料	≤100		
		产蛋鸡配合饲料	≤20		

续表

序号	卫生指标项目	产品名称	指标	试验方法	备注
12	异硫氰酸酯(以丙烯基异硫氰酸酯计)的允许量/(毫克/千克)	菜籽饼(粕)	≤4000	GB/T 13087	
		鸡配合饲料	≤500		
13	噁唑烷硫铜的允许量/(毫克/千克)	肉用仔鸡、生长鸡配合饲料	≤10000	GB/T 13089	
		产蛋鸡配合饲料	≤500		
14	六六六的允许量/(毫克/千克)	米糠、小麦麸、大豆饼粕、鱼粉	≤0.05	GB/T 13090	
		肉用仔鸡、生长鸡配合饲料、产蛋鸡配合饲料	≤0.3		
15	滴滴涕的允许量/(毫克/千克)	米糠、小麦麸、大豆饼粕、鱼粉	≤0.02	GB/T 13090	
		鸡配合饲料、猪配合饲料	≤0.2		
16	沙门氏杆菌	饲料	不得检出	GB/T13091	
17	细菌总数的允许量/(每千克产品中细菌总数×10^6个)	鱼粉	<2	GB/T 13093	限量饲用:2～5 禁用:>5

注：1. 所列允许量为以干物质含量为88%的饲料为基础计算。

2. 浓缩饲料、添加剂预混合饲料添加比例与本标准备注不同时，其卫生指标允许量可进行折算。

3. 此表删去了与本书无关的内容。

参 考 文 献

[1] 何大乾主编. 鹅高产生产技术手册. 上海：上海科学技术出版社，2007.

[2] 董瑞潘主编. 鹅的快速育肥技术. 北京：中国农业科学技术出版社，2007.

[3] 尹兆正主编. 养鹅手册. 北京：中国农业大学出版社，2004.

[4] 魏刚才主编. 规模化鹅场兽医手册. 北京：化学工业出版社，2014.